Umweltmanagement in Skigebieten

Ulrike Pröbstl-Haider · Monika Brom · Claudia Dorsch
Alexandra Jiricka-Pürrer

Umwelt-management in Skigebieten

Unter Mitarbeit von Claudia Hödl

Ulrike Pröbstl-Haider
Institut für Landschaftsentwicklung, Erholungs- und Naturschutzplanung
Universität für Bodenkultur Wien
Wien, Österreich

Monika Brom
Abteilung für Nachhaltige Entwicklung, Umweltbundesamt
Wien, Österreich

Claudia Dorsch
Institut für ökologische Forschung
AGL – Arbeitsgruppe für Landnutzungsplanung
Etting-Polling, Deutschland

Alexandra Jiricka-Pürrer
Institut für Landschaftsentwicklung, Erholungs- und Naturschutzplanung
Universität für Bodenkultur Wien
Wien, Österreich

ISBN 978-3-662-55987-1 ISBN 978-3-662-55988-8 (eBook)
https://doi.org/10.1007/978-3-662-55988-8

Die Deutsche Nationalbibliothek verzeichnet diese Publikation in der Deutschen Nationalbibliografie; detaillierte bibliografische Daten sind im Internet über http://dnb.d-nb.de abrufbar.

Springer Spektrum

Verantwortlich im Verlag: Stephanie Preuß

Gedruckt auf säurefreiem und chlorfrei gebleichtem Papier

Springer Spektrum ist ein Imprint der eingetragenen Gesellschaft Springer-Verlag GmbH, DE und ist ein Teil von Springer Nature
Die Anschrift der Gesellschaft ist: Heidelberger Platz 3, 14197 Berlin, Germany

Zum Geleit

Viele Skigebiete werben heute mit Gütesiegeln, Prädikaten und Auszeichnungen. Unklar ist jedoch vielfach, welche Institution und welche Kriterien hinter der Prüfung stehen. Skifahrer und Skigebiete beklagen gleichermaßen dieses „Greenwashing", denn mehr denn je muss alles getan werden, um die ökologisch und landschaftlich sensible Bergwelt so schonend wie möglich zu nutzen. Ein Umweltmanagementsystem, das auf internationalen bzw. europäischen Standards beruht, gewährleistet „echte" Verbesserungen und eine externe Überprüfung. Anstelle von verordneten behördlichen Auflagen baut es auf der Eigenverantwortung der Anbieter auf.

Solche Instrumente anzuwenden, liegt in der Tradition der Verwaltungs- und Privat-Bank Aktiengesellschaft (VP Bank) in Liechtenstein. Sie verfügt seit Jahren über gute Erfahrungen mit dem Umweltmanagement im eigenen Betrieb. Aus diesem Grund wurde die Entwicklung eines Umweltmanagements speziell für Skigebiete durch die Gründung der Stiftung „pro natura – pro ski" unterstützt.

Die vorliegende Veröffentlichung baut auf dem von der Stiftung geförderten Buch *Auditing in Skigebieten* von Ulrike Pröbstl, Ralf Roth, Heiner Schlegel und Rudolf Straub (2003) auf. Neue Erkenntnisse, eine veränderte Rechtslage und Praxiserfahrungen machen eine Neufassung in diesem Themenfeld erforderlich. Als Präsident des Stiftungsrates freue ich mich, dass es gelungen ist, für diese Fassung wieder ein kompetentes Autorinnenteam zu finden. Damit kann ein weiterer Baustein zu einem verträglichen Miteinander und vorsorgenden Umgang mit der Bergwelt auf den Weg gebracht werden.

Hans Brunhart
Fürstlicher Rat
Präsident des Stiftungsrates pro natura – pro ski

Danksagung

Weltweit leisten Umweltmanagementsysteme einen wesentlichen Beitrag zur nachhaltigen Entwicklung. Die Anwendungsgebiete des Europäischen Eco-Management and Audit Scheme (EMAS) sind in den vergangenen Jahren stetig gewachsen und reichen inzwischen von der Holzverarbeitung über Krankenhäuser bis zu Schutzgebieten[1]. Mit dieser Veröffentlichung möchten wir dazu beitragen, die Anzahl zertifizierter Skigebiete zu erhöhen, sowie generelle Aufmerksamkeit für umwelt- und ressourcenschonendes Management in Wintersportgebieten erzielen.

Ohne die Unterstützung verschiedener Partner wäre das vorliegende Fachbuch nicht zustande gekommen. Besonderer Dank gilt dabei der Stiftung „pro natura – pro ski" und den österreichischen Bundesländern Niederösterreich und Salzburg für die finanzielle Förderung. Die strategische Kooperation zwischen dem österreichischen Umweltbundesamt und der Universität für Bodenkultur, die die Zusammenarbeit zwischen beiden Institutionen wesentlich gefördert hat, hat ebenfalls die gemeinsame Veröffentlichung ermöglicht.

Praxisnähe und Berücksichtigung aktueller Entwicklungen verdanken wir allen Experten des Umweltausschusses der Internationalen Organisation für das Seilbahnwesen (O.I.T.A.F.) und Praxispartnern, wie der Arbeitsgruppe für Landnutzungsplanung (Polling/Bayern), dem Naturraum-Management Steinwender (St. Veit im Pongau/Salzburg), DI Fritz Pichler und der Fa. Klenkhart (Absam/Tirol) sowie der Lloyd's Register EMEA (Wien). Dank gilt auch diversen Skigebieten, die Bildmaterial, beispielhafte Lösungen und Erfahrungen zur Verfügung gestellt haben. Sie tragen mit ihrem Engagement und ihrer Vorbildfunktion wesentlich zur Verbreitung der Idee bei.

Besonderer Dank gilt auch Dipl.-Ing. Verena Melzer und Dipl.-Ing. Claudia Hödl für die gewissenhafte Zusammenstellung von Anschauungsmaterial und die ansprechende Aufbereitung.

Ulrike Pröbstl-Haider
Monika Brom
Claudia Dorsch
Alexandra Jiricka-Pürrer

1 Für detaillierte Informationen der Europäischen Kommission zu EMAS siehe: ▶ http://ec.europa.eu/environment/emas/index_en.htm.

Inhaltsverzeichnis

Grundlagen

Inhaltsverzeichnis

Einführung

U. Pröbstl-Haider, M. Brom, C. Dorsch, A. Jiricka-Pürrer, *Umweltmanagement in Skigebieten*, https://doi.org/10.1007/978-3-662-55988-8_1

Abb. 1.1 Filmaufnahmen des ZDF zum Umweltmanagement der Planai-Hochwurzen-Bahnen in Schladming. (Foto: Ulrike Pröbstl-Haider)

Das Angebot an Skiregionen und Winterurlaubsdestinationen ist in den letzten Jahren insbesondere in Osteuropa, aber auch in der Türkei beständig gewachsen. Auch die nordamerikanischen Skigebiete werben vermehrt um den europäischen Skifahrer und locken mit „Powder", „Heliskiing" und unberührtem „Hinterland".

Es kommt daher in Zukunft mehr als bisher darauf an, sich von anderen Regionen zu unterscheiden und ein besonderes Profil zu entwickeln. Nachdem die sportlichen Möglichkeiten und die Schneesicherheit in vielen Destinationen vergleichbar sind, müssen andere Aspekte in die Außendarstellung mit einbezogen werden.

Ein zunehmend wichtiges Argument ist in diesem Zusammenhang die Umweltverträglichkeit des Unternehmens und ihr „grünes Profil". Auch in den Medien findet das Thema Umweltmanagement in Skigebieten daher zunehmend Interesse (Abb. 1.1).

Beispiele für erfolgreiches Umweltmanagement

Zukunftsorientierte Regionen und Wintersportorte setzen hier an:

- Verträgliches Pistenmanagement erzeugt artenreiche Bergwiesen, deren Artenvielfalt die einer intensiven Landwirtschaft bei weitem übertrifft und zudem Pflegekosten spart.
- Anlagen für die Beschneiung und Speicherseen werden für die Energieerzeugung genutzt.
- Verträge mit Bahnen und Gemeindebussen reduzieren die Anreisebelastungen und kommen umweltfreundlich anreisenden Gästen zugute.
- Ein Umweltmanagementsystem schult die Mitarbeiter und erhöht die Motivation, sich für die Umwelt im eigenen Bereich zu engagieren.

Es stellt sich natürlich die Frage, wie viele Kunden durch ein grünes Profil und entsprechendes Engagement angesprochen werden können.

Das oben genannte Image spricht nicht alle Skifahrer an. Nach unseren Ergebnissen interessieren sich dafür vor allem qualitätsorientierte Touristen, die Sport, Erholung und Naturerlebnis im Winter miteinander verbinden möchten. Im Hinblick auf die regionale Wertschöpfung sind diese Kunden besonders wertvoll. Aktuelle Befragungen zeigen, dass der Anteil an sensiblen Kunden insbesondere im Alpenraum wächst. Erhebungen (Pröbstl et al. 2011) in vier großen Skigebieten in Österreich (Lech am Arlberg, Schladming, Zell am See und Silvretta Montafon) von 1165 Wintersportlern zeigten, dass 44 % ein Skigebiet bevorzugen würden, das seine eigene Energie herstellt (46 % sind unsicher und 10 % schenken diesem Aspekt keine Bedeutung). Aber nicht nur in Europa, sondern auch in Nordamerika findet ein Umdenken statt. Große Skigebiete, wie Whistler in Kanada, schenken Umweltaspekten immer mehr Bedeutung[1].

In Europa haben sich Umweltmanagementsysteme (EMAS und ISO 14001) als wichtige Instrumente für eine nachhaltige Entwicklung etabliert. Entscheidende Argumente für die Teilnahme an diesen Systemen sind dabei auch die Ressourceneinsparung, die Verbesserung der Rechtssicherheit (einschließlich der Umwelthaftung) und die Mitarbeitermotivation.

---

1 Siehe dazu die Informationen unter der Rubrik „environment" auf der Homepage von Whistler Blackcomb: ► http://www.whistlerblackcomb.com/environment/index.aspx.

Nach dem Erfolg und der breiten Akzeptanz in der Wirtschaft erfolgt nun schrittweise auch im Bereich des Tourismus die Verbreitung dieser Instrumente.

Verbesserung durch freiwilliges Engagement statt durch staatliche Verordnungen

Aus der Sicht von Unternehmen besticht weiterhin die Tatsache, dass es sich nicht um behördlich „verordnete", sondern um freiwillige, marktwirtschaftlich ausgerichtete Maßnahmen zur Umweltvorsorge handelt. Der Umfang, die Schwerpunkte und die Ausrichtung liegen weitgehend im Verantwortungsbereich des Unternehmens. Durch die weitreichenden Ausgestaltungsmöglichkeiten entsteht ein Anreiz für stark und weniger stark belastete Gebiete.

Die externe Zertifizierung bzw. Begutachtung bringt Glaubwürdigkeit, die durch die vielen selbsternannten Gütesiegel und Prämierungen nicht geleistet werden kann. Die EMAS-Begutachtung oder das ISO-Zertifikat sind daher leicht von einem Greenwashing durch Gütesiegel zu unterscheiden.

Nachhaltiges Management von Wintersportunternehmen muss eine Selbstverständlichkeit sein. Die Leistungen eines zukunftsorientierten Managements auch für Natur und Umwelt müssen offensiver, provokanter und spannender vermittelt werden.

Mit diesem Buch möchten wir zur Verbreitung dieser Ideen beitragen. Praxisnahe Checklisten zu jedem Themenfeld unterstützen die Anwendung des Buches.

Zielsetzung und Grundlagen des Leitfadens

U. Pröbstl-Haider, M. Brom, C. Dorsch, A. Jiricka-Pürrer, *Umweltmanagement in Skigebieten*, https://doi.org/10.1007/978-3-662-55988-8_2

2

2.1 Ziele

Ziel ist es, die Vorteile der Begutachtung bzw. Zertifizierung mit Hilfe des Buches anschaulich vermitteln zu können

Der Leitfaden hat das Ziel, Betreiber von Seilbahnen und Skigebieten zur Einführung eines Umweltmanagementsystems (UMS) anzuregen und ihnen dazu Hilfestellung zu geben.

Dabei soll aufgezeigt werden, welche Aspekte dafür relevant sind und welches methodische Set angewandt werden kann. Ausgehend von vorausgegangenen Forschungs- und Entwicklungsprojekten werden die gewonnenen Erfahrungen und Erkenntnisse in diesem Buch zusammengefasst.

Aufbauend auf den Prinzipien eines Umweltmanagementsystems, wie es durch internationale Regelwerke vorgegeben wird (EMAS, ISO 14001), ging es darum, Voraussetzungen, Daten und Empfehlungen für eine effiziente Umsetzung zu liefern. Durch die Vielzahl europäischer Richtlinien (wie z. B. die Umwelthaftungsrichtlinie sowie die Vogelschutzrichtlinie und die Fauna-Flora-Habitat-Richtlinie/FFH-RL) hat das Umweltmanagement in Skigebieten vor allem im Alpenraum und in anderen europäischen Wintersportdestinationen erheblich an Bedeutung gewonnen. Diesen neuen Herausforderungen, aber auch den Aufgaben im Rahmen einer Weiterentwicklung bestehender Skigebiete, widmet sich dieses Buch.

Wir hoffen, damit auch zur Anhebung der Standards weltweit beitragen zu können und das Lernen innerhalb der Branche zu fördern.

2.2 Grundlagen (Anforderungen von ISO 14001 und EMAS)

Umweltmanagementsysteme stützen sich auf zwei Regelwerke

Wenn von Umweltmanagement die Rede ist, dann bezieht sich dies hier auf Leistungen, die durch zwei Regelwerke vorgegeben sind, die in die gleiche Richtung stoßen, jedoch eine unterschiedliche Entwicklungsgeschichte, einen unterschiedlichen Anwendungsbereich und geringfügige Unterschiede in ihren Leistungsanforderungen aufweisen:

- Die internationale Umweltmanagementnorm ISO 14001 legt Anforderungen an ein Umweltmanagementsystem fest und ist Teil einer ganzen Normenfamilie. Sie wurde 1996 als 14001:1996 erstmals veröffentlicht. Die aktuelle Version der ISO 14001 trat als ISO 14001:2015 im September 2015 in Kraft.
- EMAS steht für Eco-Management and Audit Scheme. Es ist ein freiwilliges System, an dem sich sowohl Unternehmen als auch andere Organisationen und Einrichtungen

der EU-Mitgliedstaaten beteiligen können. Die Verordnung ist seit April 1995 in Kraft und wurde bereits zwei Revisionen unterzogen. Seit 11. Jänner 2010 ist EMAS III in Kraft (Verordnung (EG) Nr. 1221/2009). Seither ist die Teilnahme von Organisationen außerhalb der EU möglich. Generelles Ziel der Verordnung ist wie bei ISO 14001 die Förderung der kontinuierlichen Verbesserung des betrieblichen Umweltschutzes.

Tab. 2.1 zeigt im Überblick die Bereiche, in denen sich die beiden Instrumente unterscheiden.

Tab. 2.1 Leistungsbilder und Anforderungen von ISO 14001 und EMAS im Vergleich

Inhalte	ISO 14001	EMAS	Unterschiede
Einführungsbeschluss mit Festlegung des Anwendungsbereichs	+	+	
Festlegung der Umweltpolitik	+	+	
Verfahren zur Erfassung, Überwachung, Dokumentation und Umsetzung von Maßnahmen, die bedeutende Umweltaspekte betreffen	+	++	Bei EMAS Berücksichtigung direkter und indirekter Umweltaspekte, Durchführung der ersten Umweltprüfung
Verfahren zur Erfassung rechtlicher Vorschriften	+	+	
Einhaltung umweltrechtlicher Vorschriften	+	++	Bei EMAS auch Überprüfung der Einhaltung umweltrelevanter Vorschriften durch Umweltgutachter
Verbesserung der Umweltleistung	+	++	Stärkere Betonung bei EMAS, u. a. durch verpflichtende Bildung von Kernindikatoren
Maßnahmen der Verwirklichung und Umsetzung im Betrieb	+	+	
Schulung, Bewusstseinsbildung und Beteiligung	++	++	Bei ISO 14001: besonderer Schwerpunkt auf Schulung im Umweltbereich Bei EMAS: besonderer Wert auf Beteiligung der Mitarbeiter sowie Informationsfluss Langfristige prozessorientierte Beteiligung
Kommunikation	+	++	Bei EMAS: offener Dialog mit interessierten Kreisen, öffentlich zugängliche Umwelterklärung, EMAS-Logo
Dokumentation, interne Beachtung	+	+	

Nachdem EMAS das weitergehende Instrument ist, wird im Buch vor allem dieses Leistungsbild herausgestellt.

Die großen Übereinstimmungen in den Anforderungen werden von einigen Unternehmen genutzt. Diese lassen sich sowohl nach ISO 14001 als auch nach EMAS begutachten, da der interne Aufwand nicht wesentlich größer ist (z. B. Lech am Arlberg in den Jahren 1999 bis 2006). Es bietet sich auch ein Integriertes Managementsystem in Kombination mit sicherheitsbezogenen Themenstellungen an. Unternehmen und Organisationen wollen häufig mehrere Aufgabenfelder systematisch managen und können so Qualität, Umweltschutz, Arbeitssicherheit, Gesundheitsschutz und Sicherheit integrativ betrachten.

Die gleichzeitige Anwendung von ISO 14001 und EMAS bietet sich vor allem dann an, wenn die zwei verschiedenen Systeme unterschiedliche Zielgruppen (z. B. Kunden außerhalb der EU) ansprechen oder die weitreichende Überprüfung nach außen dokumentiert werden soll.

Praxisnahe Hilfen bieten Checklisten

Insgesamt soll das vorliegende Handbuch

- durch die Vermittlung von Erfahrungen und Veranschaulichung von Leistungen an Fallbeispielen konkrete Hilfestellung beim Aufbau und bei der Durchführung eines Umweltmanagementsystems in Skigebieten leisten,
- eine klare Methodik – gerade bezogen auf die schwer fassbaren landschaftsbezogenen Inhalte – anbieten,
- die Grundlagen für einen fachlichen Standard für eine erfolgreiche Zertifizierung/Begutachtung bieten.

Die Entwicklung von Umweltmanagementsystemen in Skigebieten

U. Pröbstl-Haider, M. Brom, C. Dorsch, A. Jiricka-Pürrer, *Umweltmanagement in Skigebieten,* https://doi.org/10.1007/978-3-662-55988-8_3

3.1 Allgemeine Anforderungen

EMAS bewirkt Innovation, Umweltverträglichkeit und Kostenreduktion

Das Eco-Management and Audit Scheme (EMAS) wurde 1993 von der Europäischen Kommission als freiwilliges Instrument für den systematischen Umweltschutz geschaffen. Es ist ein freiwilliges System, an dem sich sowohl Unternehmen als auch andere Organisationen und Einrichtungen in allen Wirtschaftszweigen innerhalb und außerhalb der Europäischen Union beteiligen können. Ziel dieses Systems ist die Förderung der kontinuierlichen Verbesserung des betrieblichen Umweltschutzes.

Als zukunftsorientiertes Umweltmanagementsystem kann EMAS den Unternehmen helfen, ihre Innovationsfähigkeit zu verbessern, Umweltbelastungen und Kosten zu verringern und ihre Glaubwürdigkeit zu stärken.

Ausgestaltung der EMAS Verordnung muss branchenspezifisch erfolgen

Eine Besonderheit der EMAS-Verordnung besteht darin, dass sie durch die freiwillige Teilnahme der Unternehmen auf deren Eigeninitiative und -kontrolle im Bereich Umweltschutz setzt. Erreicht werden soll dies durch die Integration von Umweltbelangen in alle Bereiche der Unternehmenspolitik. Artikel 1 der EMAS-Verordnung (2009) hebt als Ziel von EMAS, einem wichtigen Instrument des Aktionsplans für Nachhaltigkeit in Produktion und Verbrauch und für eine nachhaltige Industriepolitik, folgende Aspekte hervor:

» - kontinuierliche Verbesserungen der Umweltleistung von Organisationen zu fördern, indem die Organisationen Umweltmanagementsysteme errichten und anwenden,
- die Leistung dieser Systeme einer systematischen, objektiven und regelmäßigen Bewertung zu unterziehen,
- Informationen über die Umweltleistung vorzulegen,
- einen offenen Dialog mit der Öffentlichkeit und anderen interessierten Kreisen zu führen und
- die Arbeitnehmer der Organisationen aktiv zu beteiligen und angemessen zu schulen.

Über die Ausgestaltung von Umweltpolitik, -programm und -management finden sich in der Verordnung keine konkreten Angaben bzw. werden keine materiellen Vorgaben wie Grenzwerte oder Umweltstandards definiert, an die sich die Unternehmen über die gesetzlichen Vorgaben hinaus halten müssten. Dies erweist sich auch insbesondere aufgrund der Vielfalt an Unternehmen, die sich am EMAS-System beteiligen können, als schwer möglich. Somit liegt es beim

Unternehmen, seine Umweltauswirkungen eigenverantwortlich zu analysieren und Maßnahmen auf der Grundlage selbst vorgegebener Ziele festzulegen. Dies hat deshalb besondere Bedeutung, weil es dem Unternehmen ermöglicht, sich Ziele zu setzen, die zeitlich mit ökonomischen Anforderungen abgestimmt werden können und die an den betrieblichen Umweltschutz angepasst sind. Gleichzeitig kann das Unternehmen dadurch dem Anspruch der Verordnung auf eine kontinuierliche Verbesserung entsprechen, indem es seine Anforderungen an die Optimierung der Umweltauswirkungen Schritt für Schritt mit jeder zyklischen Durchführung erhöht (◘ Abb. 3.1).

Weiterentwicklung und Novellierung der EMAS-Verordnung

Seit der letzten Novellierung im Jahr 2009 sind zusätzlich die weltweite Anwendbarkeit (EMAS Global), die verstärkte Berücksichtigung der Belange kleiner und mittlerer Unternehmen (KMU), sowie standardisierte Umweltkennzahlen (Indikatoren) zur Darstellung der Leistungsverbesserung hinzugekommen (UGA 2014).

Verfahrensablauf im Überblick

In der Regel steht die Umweltpolitik als Dach aller Umweltaktivitäten an erster Stelle des Verfahrens. In ihr werden die grundsätzlichen Umweltleitlinien formuliert und in die Unternehmenspolitik integriert. Damit wird gewährleistet, dass sie mit den ökonomischen Unternehmenszielen gleichgestellt und auf gleiche Weise verfolgt werden.

Kernstück des Umweltmanagementsystems ist die Umweltprüfung. Sie stellt eine erste Bestandsaufnahme des betrieblichen Umweltschutzes und der betrieblichen Umweltauswirkungen dar. Neben der Erfassung aller umweltrelevanten Daten eines Unternehmens erfolgt außerdem die Analyse und Bewertung der Ausgangsdaten zur Ermittlung der Schwachstellen. Darüber hinaus inkludiert die Umweltprüfung auch die Überprüfung der Einhaltung umweltrechtlicher Vorschriften. Aus den Ergebnissen der (ersten) Umweltprüfung leitet sich das Umweltprogramm ab. Darin werden alle Ziele und Maßnahmen formuliert, die zur Beseitigung der Schwachstellen führen, und durch Zeitvorgaben konkretisiert, sowie die Verantwortlichen und die verfügbaren Mittel zur Umsetzung der Maßnahmen definiert. Anschließend beginnt die Umsetzung der Maßnahmen aus dem Umweltprogramm.

Im Umweltmanagementsystem als Teil des gesamten übergreifenden Managementsystems werden alle Strukturen zur Umsetzung des betrieblichen Umweltschutzes festgelegt. Es umfasst somit personelle Organisationsstrukturen und Zuständigkeiten, Aufbauorganisation und Ablaufkontrolle sowie die Gewährleistung der Dokumentation aller Umweltaktivitäten.

Die Umwelterklärung wendet sich an die Öffentlichkeit

Die gesamtbetrieblichen Umweltaktivitäten sind der Öffentlichkeit in der Umwelterklärung regelmäßig darzule-

3

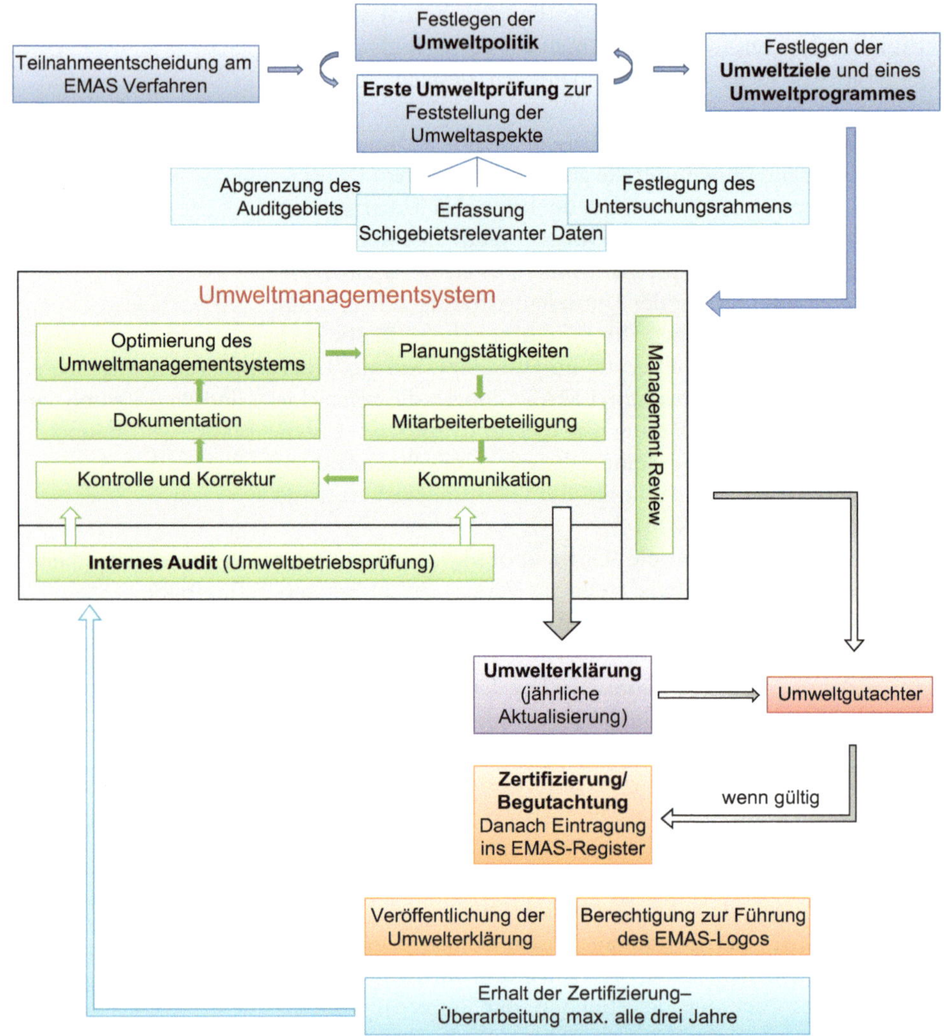

Abb. 3.1 Ablauf nach der EMAS-Verordnung. (Schublach 2014)

gen. Die Umwelterklärung stellt damit die Schnittstelle zur unternehmensexternen Ebene dar und sichert die Kommunikation mit den Anspruchsgruppen. Aus diesem Grund ist sie allgemein verständlich und anschaulich aufzubereiten und soll die Umweltleistung in knapper Form zusammenfassen.

Auf Basis der Umwelterklärung und des Umweltmanagementsystems erfolgt die Begutachtung des Unternehmens. Dabei kontrolliert ein unabhängiger externer Umweltgutachter Umweltpolitik, (erste) Umweltprüfung, Umweltprogramm, Umweltmanagement sowie Umwelterklärung auf Übereinstimmung mit den Anforderungen der EMAS-Verordnung. Sind alle Voraussetzungen erfüllt, kann das Unternehmen am EMAS-System teilnehmen und im EMAS-Register eingetragen werden. Nach der Registrierung bei einer nationalen zuständigen Stelle ist das Unternehmen berechtigt, das EMAS-Logo zu führen.

Auditzyklus muss regelmäßig wiederholt werden

Um diese Teilnahmeberechtigung langfristig zu erhalten, ist das Unternehmen verpflichtet, das Verfahren in regelmäßigen Abständen von maximal drei Jahren zu wiederholen. Für KMUs mit geringen Umweltauswirkungen gibt es die Möglichkeit den Auditzyklus auf vier Jahre auszudehnen.

Aus der Sicht des Unternehmens sprechen verschiedene Gründe für die Einführung eines Umweltmanagementsystems (◻ Tab. 3.1).

Gründe, die für ein Umweltmanagementsystem sprechen

Ein bedeutender Faktor im Hinblick auf die Einführung eines Umweltmanagementsystems ist die Steigerung der Wettbewerbsfähigkeit des Unternehmens. Dazu trägt maßgeblich der Imagegewinn durch eine umweltorientierte Unternehmenspolitik bei. Bedeutet EMAS zunächst finanzielle Belastungen für das Unternehmen, so können sich durch das Aufdecken von Einsparpotenzialen, beispielsweise von Energie, Wasser oder Rohstoffen, Kostenreduzierungen ergeben.

In der (ersten) Umweltprüfung werden Schwachstellen aufgedeckt, auf die im Rahmen von Umweltpolitik und Umweltprogramm eingegangen wird. Eine Risikominderung ergibt sich auch durch die verpflichtende Not- und Störfallvorsorge. Der Aufbau eines Informationssystems über alle umweltrelevanten Unternehmenstätigkeiten ermöglicht ein

◻ Tab. 3.1 Potenzieller Nutzen bei der Teilnahme am EMAS-System für Skiunternehmen. (Pröbstl et al. 2003)

Wettbewerbsfähigkeit	Kostenreduzierung	Risikominderung	Verbesserung der Organisation
– Attraktivität für umweltsensiblen Kundenkreis – Umweltbemühen als Schlüsselqualifikation – Vertiefte Vertrauensbasis bei Naturschutzbehörden – Erleichterte Bewerbung bei Wintersportgroßveranstaltungen	– Gesenkte Kosten für die Erarbeitung von Genehmigungsunterlagen – Niedrigere Versicherungsprämien – Günstigere Kredite bei Banken – Vermeidung von kostenintensiven Sanierungen bei flächenwirksamen Schäden	– Kenntnis des flächenwirksamen Schadenpotenzials – Verringertes Risiko von Erosionsschäden – Nachvollziehbarkeit der Haftungsfrage bei Schäden	– Vertiefte Kenntnisse des Personals – Detailliertes Wissen über Auswirkungen auf Natur und Landschaft – Verringerter bürokratischer Aufwand – Kenntnis der Beiträge von Winter- und Sommertourismus

effizientes, unternehmensinternes Controlling. Darunter ist die Aufschlüsselung von Betriebsabläufen in die handhabbaren Komponenten Planung, Umsetzung, Kontrolle und Korrektur zu verstehen (Landesanstalt für Umweltschutz Baden-Württemberg 1998). Risikomanagement und Informationssystem wirken sich positiv auf die Rechtssicherheit und Versicherungspflichten aus.

Die Etablierung der verschiedenen Verfahrenskomponenten in allen Ebenen des Unternehmens verbessert die Kommunikation mit und unter den Mitarbeitern. Die Integration von umweltorientierten Handlungsgrundsätzen und deren konkrete Umsetzung fördert die Motivation der Mitarbeiter und trägt maßgeblich zu deren Identifikation mit dem Unternehmen bei.

Die Erfassung aller umweltrelevanten Auswirkungen des Unternehmens in der ersten Umweltprüfung und deren Handhabung in Umweltpolitik und Umweltprogramm stellen die Grundlage für ein nachhaltiges Wirtschaften dar. Durch die Erhöhung der Transparenz der umweltbezogenen Auswirkungen und deren Veröffentlichung in der Umwelterklärung ist außerdem eine deutliche Verbesserung der Außenwirkung des Unternehmens möglich.

Es können auch größere Einheiten, sogenannte Cluster, zertifiziert werden

EMAS ermöglicht die Implementierung und Registrierung von größeren und komplexeren Einheiten, wie z. B. Zusammenschlüsse von mehreren Betrieben, Lieferketten und Einkaufszentren. Dieser Clusteransatz wäre auch für Skigebiete interessant, da diese zumeist aus mehreren unterschiedlichen Betrieben bestehen und somit unter einer einzigen EMAS-Registernummer registriert werden könnten.

Folgende Optionen, einen Cluster zu formen, bieten sich im touristischen Bereich rund um die Seilbahn an:

- Ein Cluster mit anderen Seilbahnunternehmen, wenn z. B. mehrere Anlagen an einem Skiort oder Berg aktiv sind und ohnehin das Gebiet gemeinschaftlich betreiben (Liftkartenverbund, gemeinsame Pflege, Präparation usw.) (enger funktioneller Zusammenhang).
- Ein Cluster mit anderen Unternehmungen, die eng mit der Seilbahn verbunden sind. Dazu gehören z. B. Skiverleih, Sportartikelläden, Restaurants bis hin auch zu Nächtigungsmöglichkeiten (breiter funktionaler Zusammenhang).
- Ein Cluster, der sich auf eine größere Einheit von Betrieben bezieht, die nicht funktional, sondern räumlich abgegrenzt sind, z. B. ein Naturpark. Hier bieten sich neue Wege der Kooperation und eines effizienten Managements an.

3.2 Spezielle Anforderungen in Skigebieten

Für den Aufbau eines Umweltmanagementsystems in Skigebieten muss ein eigenes methodisches Set und ein eigener Prüfrahmen entwickelt werden. Dies liegt zum einen daran, dass EMAS und ISO 14001 durch die Vielzahl der Anwendungsgebiete große Freiräume zulassen. Zum anderen muss jedes Unternehmen bzw. jeder Unternehmenstyp hierfür einen spezifischen, eigenverantwortlichen Weg gehen, bei dem betriebliche, aber auch ökologische, landschaftsbezogene Aspekte zu integrieren sind. Dies bedingt eine eigenständige methodische Konzeption.

Die nachstehend vorgestellten methodischen Bausteine können auch unabhängig von Umweltmanagementverfahren (ISO 14001 oder EMAS) für eine ökologische Aufwertung verwendet werden (Pröbstl et al. 2003).

Für Skigebiete sind eigene methodische Sets von Vorteil

Die besonderen Herausforderungen, die eine gesonderte Betrachtung für Skigebiete nahelegen, können wie folgt kurz zusammengefasst werden:

- Kombination von hohen Anforderungen im Bereich Personentransport und Sicherheit in den Anlagen,
- Einfluss von Witterungsbedingungen auf den Anlagenbetrieb und die Nutzung,
- Sicherheit am Berg und bei Nutzungen,
- hoher Ressourcenaufwand beim Betrieb,
- hohe Sensibilität der betroffenen natürlichen Lebensräume durch die Höhenlage (z. B. Vegetation, Wasser, Boden, Wildtiere).

Hinzu kommen Abfallaufkommen und Entsorgungsaspekte sowie Herausforderungen bei der Versorgung mit Trinkwasser, die in Berglebensräumen ebenfalls eine Schwierigkeit darstellen.

Zu den Herausforderungen gehört in diesem Zusammenhang vor allem die Abgrenzung des Skigebietes, die Übersicht und Bestimmung relevanter Skigebietsdaten und die Auseinandersetzung mit thematischen und räumlichen Schwerpunkten. In diesem Fall empfiehlt sich gerade für diesen Schritt die Zusammenarbeit mit externen Büros bereits in der Vorphase. Dies wird in den verschiedenen Betrieben unterschiedlich gehandhabt. Das Skigebiet Zell am See hat dauerhaft einen Ökologiebeirat eingerichtet, zu dessen Aufgaben auch die Beratung im Zusammenhang mit dem etablierten Umweltmanagementsystem gehört. Das Skigebiet Kaprun arbeitet dauerhaft mit einem beratenden Büro für

Skigebiete kennzeichnen besondere Herausforderungen

ökologische Fragen zusammen. Andere Skigebiete wie das Skigebiet Lech/Zürs am Arlberg ziehen nach Bedarf und Themenschwerpunkt beratende Büros heran. Wichtig ist es, sich in der Anfangsphase dort zu verstärken, wo die Kompetenz im Betrieb nicht oder nicht ausreichend gegeben ist.

Definition und Abgrenzung des Skigebietes

Bei der Abgrenzung sollen alle Bereiche enthalten sein, die durch den Skisport beeinflusst werden. Dieser Untersuchungsraum wird als „Skigebiet" definiert (Pröbstl 2001) (Tab. 3.2).

Es werden dabei sowohl sämtliche Sportanlagen (Lifte, Beschneiungsanlagen, Flutlichtanlagen etc.) einschließlich der Abfahrtspisten einbezogen, als auch die angrenzenden Pistennahbereiche und skisportlich genutztes Gelände abseits der Pisten.

Diverse Forschungsarbeiten in Skigebieten (Pröbstl 2001; Dietmann und Kohler 2005) haben gezeigt, dass das Projektgebiet entsprechend umfassend abgegrenzt werden muss. Ein Ausschluss beispielsweise der Variantenstrecken, aber auch seltener befahrener Routen, wäre fachlich nicht vertretbar, weil dort z. B. wertvolle Wildtierlebensräume als Folge des Anlagenbetriebes gestört werden können. Die weit gefasste Abgrenzung ist auch beim Management, vor allem bei möglicher Betroffenheit angrenzender Nutzungen (Jagd, Waldwirtschaft, Naturschutz), vielfach von Bedeutung.

Tab. 3.2 Definition des Skigebietes als der durch den Skisport beeinflusste Raum in der Landschaft. (Pröbstl et al. 2003)

Durch den Skisport genutzter Raum und die damit zusammenhängenden Auswirkungen auf diesen Raum	Durch den Skisport beeinflusster Raum (Wirkraum)
Skipisten, d. h. meist präparierte Abfahrten, die seitens des Betreibers ausgeschildert sind und auf denen er die Sicherungspflicht besitzt **Routen,** d. h. markierte und nur vor Lawinengefahr gesicherte Abfahrten ohne Präparation, auf denen keine Kontrollen oder Beseitigung von Hindernissen durchgeführt werden **Variantenabfahrten,** d. h. Abfahrten ohne Markierung und Sicherung, die der Skifahrer auf eigenes Risiko benutzt **Infrastruktur** Liftanlagen, Teichanlagen für die Beschneiung, gastronomische Betriebe etc.	**Verlärmungsbänder,** die den genutzten Raum begleiten und Einfluss auf die angrenzenden Lebensräume haben **Pistenwaldränder,** die durch den Skibetrieb beeinträchtigt werden können **Weitere Folgeeffekte,** die von Pisten und Varianten ausgehen, z. B. Wasserausleitungen aus den Pisten, Schneegleitprozesse oder Lawinensprengungen

Diese Abgrenzung wird auch für den Aufbau eines Umweltmanagementsystems unbedingt empfohlen. Viele ökologische Fragestellungen, wie z. B. Wasserhaushalt, Tierwelt aber auch Erholung, lassen sich meist nur dann sinnvoll beantworten, wenn eine großräumigere Betrachtung erfolgt (Pröbstl et al. 2003).

Die konkrete Abgrenzung erfolgt in idealer Weise unter Verwendung entsprechender topografischer Gebietskarten mit Höheninformation bzw. einem entsprechenden Geländemodell (DGM). Die Abgrenzung sollte die Raumnutzung im Winter und Sommer mit einschließen.

Die Grenze des Untersuchungsraumes orientiert sich meist an naturräumlichen Strukturen, wie z. B. Gewässerläufen oder Bergrücken. Bei großen räumlich getrennten Skigebieten kann das Untersuchungsgebiet auch aus mehreren räumlich getrennten Teilgebieten bestehen.

Neben den räumlichen Abgrenzungen unter zu Hilfenahme von Experten ist auch eine thematische Abgrenzung erforderlich. Hier sind rechtliche Aspekte, Sicherheitsfragen (Seilbahnen Schweiz 2011) und der Lawinenschutz bzw. Schutz vor Naturgefahren von besonderer Bedeutung (z. B. bmvit 2011). Auch hier kann eine fachliche Unterstützung zu Beginn angeraten sein.

Aufbau des Umweltmanagementsystems in Skigebieten

Inhaltsverzeichnis

Definition des Anwendungsbereichs

U. Pröbstl-Haider, M. Brom, C. Dorsch, A. Jiricka-Pürrer, *Umweltmanagement in Skigebieten*, https://doi.org/10.1007/978-3-662-55988-8_4

Der erste Schritt: die inhaltliche und räumliche Abgrenzung des Anwendungsgebietes

Der erste Schritt beim Aufbau eines Umweltmanagementsystems besteht darin, den räumlichen und inhaltlichen Anwendungsbereich festzulegen. Der Inhalt kann über das Skigebiet und die dazugehörigen Aufstiegshilfen hinausgehen. Es gibt Skigebiete, die in ihrem Unternehmen weitere Teilunternehmen einschließen, die anderen Branchen als dem Seilbahnbetrieb angehören (z. B. Skiverleih, Gastronomie, Souvenirverkauf, Sportartikelhändler). Im Skigebiet Bansko in Bulgarien gehörten auch Verkaufsstellen von Skibedarf und Restaurants dazu.

Wichtig ist, dass zu Beginn durch die Organisation (z. B. das Unternehmen oder den Cluster) in Übereinstimmung mit den Anforderungen der internationalen Norm bei ISO 14001 bzw. der EMAS-Verordnung ein Umweltmanagementsystem eingeführt, dokumentiert, verwirklicht, aufrechterhalten und ständig verbessert und bestimmt wird. Darüber hinaus muss darin dargelegt werden, wie diese Anforderungen erfüllt werden.

Bei der Festlegung des Anwendungsbereichs ist neben der betrieblichen Komponente auch der räumliche Anwendungsbereich entscheidend. Zur Abgrenzung des Skigebietes sind die Ausführungen in ▶ Kap. 3 und ◘ Tab. 3.2 zu beachten.

Durch die Möglichkeit der Cluster ▶ Abschn. 3.1 sind hier neue umfangreichere Lösungen möglich, die über das Einzelunternehmen hinausgehen und sich z. B. an gemeinsamen Interessen bzw. gemeinsamen Anwendungsgebieten (Räumen) orientieren.

Checkliste Anwendungsbereich und Vorbereitung

- ☐ Wurde das Skigebiet von den von der Seilbahn ausgehenden Nutzungen räumlich sinnvoll abgegrenzt?
- ☐ Welche Bereiche des Unternehmens werden in die Überprüfung aufgenommen, z. B. zusätzlich ggf. Gastronomie, Skischulen, Skiverleih und Shops?
- ☐ Bietet sich die Bildung eines Clusters an?
- ☐ Gibt es Schnittstellen mit Dienstleistungen oder Aktivitäten, die umweltrelevant sind, wie z. B. gemeinsam mit anderen Organisationen genutzte Abwasserreinigung, Deponie o. ä. oder ausgelagerte Tätigkeiten, wie z. B. Instandhaltung und Wartung?
- ☐ Wurde ein geeignetes Projektteam zusammengestellt bzw. ist eine Ergänzung durch externe Berater erforderlich?

Umweltpolitik und Verfahren

U. Pröbstl-Haider, M. Brom, C. Dorsch, A. Jiricka-Pürrer, *Umweltmanagement in Skigebieten*, https://doi.org/10.1007/978-3-662-55988-8_5

5

5.1 Umweltpolitik

Die Umweltpolitik ist das Rückgrat und die Basis, auf der der gesamte Umweltmanagementprozess aufbaut. Sie setzt den Rahmen für das gesamte nachfolgende betriebliche Engagement, spricht die entscheidenden Themen an und vermittelt nach innen (zu den Mitarbeitern) und nach außen (zu Kunden und Lieferanten), dass die Unternehmensleitung dieses Anliegen engagiert vertritt.

Gemäß EMAS-Verordnung muss das oberste Führungsgremium die Umweltpolitik der Organisation festlegen und sicherstellen, dass sie innerhalb des festgelegten Anwendungsbereiches ihres Umweltmanagementsystems

- in Bezug auf Art, Umfang und Umweltauswirkungen ihrer Tätigkeiten, Produkte und Dienstleistungen angemessen ist,
- eine Verpflichtung zur ständigen Verbesserung und zur Vermeidung von Umweltbelastungen enthält,
- eine Verpflichtung zur Einhaltung der geltenden rechtlichen Verpflichtungen und anderer Anforderungen enthält, zu denen sich die Organisation bekennt und die auf deren Umweltaspekte bezogen sind,
- den Rahmen für die Festlegung und Bewertung der umweltbezogenen Zielsetzungen und Einzelziele bildet,
- dokumentiert, implementiert und aufrechterhalten wird,
- allen Personen mitgeteilt wird, die für die Organisation oder in deren Auftrag arbeiten und
- für die Öffentlichkeit zugänglich ist.

Umweltpolitik ist Chefsache

Die Umweltpolitik wird von der Unternehmensführung vorgegeben und alle betrieblichen Handlungen werden hinsichtlich ihrer Übereinstimmung mit der Umweltpolitik geprüft. Allerdings zeigt die Aufstellung auch, dass diesem Beschluss durch die Unternehmensspitze bereits konzeptionelle Arbeit vorausgehen muss. Dies soll nachstehend kurz bezogen auf die Skigebiete erläutert werden.

Die vorausgehende Arbeit betrifft zunächst die Umweltwirkungen. Wichtige Umweltwirkungen sollten angesprochen werden. Wichtig bedeutet in diesem Fall, dass wesentliche von unwesentlichen Effekten zu trennen sind und die Umweltpolitik so formuliert wird, dass sie einen Rahmen für den nachfolgenden Prozess bildet, diesen jedoch nicht durch zu viele Details einengt.

Entscheidend für den gesamten Prozess ist auch, dass durch die Verabschiedung der Umweltpolitik innerbetrieblich signalisiert wird, dass Mitarbeit, Ideen und Anregungen von allen Mitarbeitern erwünscht sind und der Prozess keine Fleißarbeit einer besonderen Arbeitsgruppe oder einzelner beauftragter Mitarbeiter im Umweltbereich ist.

Die Verpflichtungen zur Verbesserung der Umweltleistung und zur Umweltvorsorge sowie zur Rechtskonformität können allgemein gehalten werden.

Herausgestellt werden sollte der Aufwand für die Erstellung eines Managementsystems und die dafür erforderliche systematische Dokumentation und Überwachung, für die auch die entsprechenden Mittel einzuplanen sind.

Eine eigenständige Darstellung sollte der internen und externen Verbreitung gewidmet werden. In die Kommunikation muss auch die Öffentlichkeit eingebunden werden.

Die Umweltpolitik, ihre Behandlung im Unternehmen (z. B. im Zusammenhang mit Aufsichtsratssitzungen) sowie ihre Kommunikation nach innen und außen muss die Botschaft vermitteln, dass in diesem Unternehmen Umweltpolitik Chefsache ist. Es muss klar ersichtlich werden, dass die Umweltpolitik Grundlage der Firmenphilosophie ist, genauso wie das Erbringen qualitativ hochwertiger Leistungen gegenüber der Kundschaft. Aus diesem Grund ist es ideal, wenn das Unternehmen bereits über ein veröffentlichtes Leitbild verfügt, auf dessen Zielsetzungen aufgebaut werden kann oder in dem die Umweltpolitik bereits verankert ist.

Umweltpolitik muss branchen- und firmenspezifisch ausgerichtet sein

Die Umweltpolitik muss mit der EMAS-Verordnung konform sein. Dennoch können und sollen branchen- und firmenspezifische Eigenheiten ihren Niederschlag finden. Eine situationsgerechte Formulierung der Umweltpolitik ist daher durchaus erwünscht (▫ Abb. 5.1).

Insgesamt sollte darauf geachtet werden, dass die Verabschiedung der Umweltpolitik und weiterer Verfahrensschritte des Umweltmanagementsystems zeitnah erfolgen, da die bloße Verabschiedung eines allgemeinen Zielkatalogs wenig konkrete Wirkung zeigt. Von „oben" verordnete Umweltpolitik wird als Pflichtaufgabe wahrgenommen, motiviert nur ungenügend und entfaltet keine nachhaltige Wirkung. Besser ist es, die Grundlagen für die Umweltpolitik gemeinsam mit den Mitarbeitern zu entwickeln und durch die Einführung des Umweltmanagements unmittelbar umzusetzen und Zuständigkeiten sowie methodische Einzelheiten festzulegen.

Die Umweltpolitik ist der Öffentlichkeit zugänglich zu machen

Die Umweltpolitik ist der Öffentlichkeit zugänglich zu machen. Hierfür bietet sich das Internet an. Vielfach wird die Verabschiedung einer Umweltpolitik aber auch für Pressemitteilungen genutzt und dies bereits mit einer frühzeitigen Positionierung am Markt und einem werbewirksamen

Die grüne Seilbahn

„Die grüne Seilbahn" beschreibt die Bestrebungen einer **umfassenden, nachhaltigen, ressourcenschonenden** und **umweltorientierten** Unternehmenspolitik der Planai-Hochwurzen-Bahnen.

Mehr als **99% der Pistenflächen** befinden sich **auf fremdem Grund und Boden**. Die Planai-Hochwurzen-Bahnen legen größten Wert auf eine **partnerschaftliche Zusammenarbeit** mit der **Landwirtschaft**, den **Grundbesitzern**, **Waldgenossenschaften** sowie der **örtlichen Bevölkerung** und den im Natur- und Umweltbereich engagierten Institutionen und Organisationen (z. B. **Alpenverein, Bergführer** etc.).

Abb. 5.1 Auszug aus der Umweltpolitik der Planai-Hochwurzen-Bahnen. (Planai-Hochwurzen-Bahnen Gesellschaft m. b. H. 2017) (Die grüne Seilbahn: ▶ http://www.planai.at/de/service/ueber-uns/technik-umwelt#Gruene%20seilbahn)

Auftritt gegenüber den Kunden (Skifahrern, Tourismuspartnern usw.) verbunden. Idealerweise wird die Teilnahme auch innerbetrieblich z. B. im Rahmen einer Mitarbeiterversammlung kommuniziert und nicht nur die Politik als Rahmen, sondern der gesamte Prozess kommuniziert und Schlüsselpersonen im Betrieb als wichtige Partner angesprochen und vorgestellt. Bei Unterstützung durch externe Partner wäre es ein idealer Zeitpunkt auch diese allgemein vorzustellen. Darüber hinaus werden in der Regel alle internen Medien genutzt, von der Anschlagtafel bis zum Intranet.

Bevor die Umweltpolitik nach außen getragen wird, muss sie als Thema eingeführt sein und der Gestaltungsprozess, bei dem sich die Mitarbeiter einbringen können, vermittelt werden. Die Umweltpolitik ist umso wirksamer, je besser die Mitarbeiter über die Firmenphilosophie informiert sind oder bei deren Erarbeitung einbezogen werden.

Die Praxis zeigt, dass im Sinne der Akzeptanz und Kooperationsbereitschaft bei der Formulierung der Umweltpolitik auf möglichst konkrete, verständliche und anschauliche Formulierungen zu achten ist.

Beispiel für eine Umweltpolitik für Skigebiete

Ein Vergleich verschiedener Umweltpolitiken im Bereich der Skigebiete zeigt, dass in der Regel allgemeine Formulierungen und generalisierenden Verpflichtungen angesprochen werden. Nachfolgend wird ein entsprechendes Beispiel gezeigt.

Musterbeispiel Umweltpolitik

Grundsatz

Die Umweltpolitik und insbesondere die Verträglichkeit des Handelns gegenüber der Natur- und Kulturlandschaft ist neben der Wirtschaftlichkeit und der sozialen Verantwortung einer der Eckwerte unserer betrieblichen Aktivitäten und damit integraler Bestandteil unserer Firmenphilosophie.

Leistungsumfang
Der Betrieb hält die Umweltschutznormen und -gesetze ein und verpflichtet sich generell, negative Umweltauswirkungen des wirtschaftlichen Handelns mit den verfügbaren technischen, planerischen und organisatorischen Mitteln zu verringern.

Abgrenzung
Die Überprüfung, Beurteilung und Steuerung der Umweltauswirkungen beschränkt sich zunächst auf die Natur und die Landschaft. Das Umweltmanagementsystem beinhaltet aber auch den technischen Umweltschutz (Energieverbrauch, Schadstoff- und Lärmemissionen, Abwasser und Abfall).

Stellenwert im Betrieb
Umweltschutz ist eine Führungsaufgabe. Deshalb fördern wir die Kompetenz und das Verantwortungsbewusstsein auf allen Ebenen des Betriebs durch Information, Schulungen und Motivation.

Umweltmanagementsystem
Unser Betrieb hat ein Umweltmanagementsystem eingeführt. Wir analysieren die umweltrelevanten Auswirkungen des Betriebes, legen Umweltziele detailliert fest, entwerfen ein Umsetzungsprogramm und regeln Zuständigkeiten.

Überwachung
Wir überwachen und beurteilen regelmäßig die Übereinstimmung unserer Tätigkeiten mit den Umweltzielen. Die umweltbelastenden Auswirkungen unserer Tätigkeiten werden laufend minimiert und die betriebliche Umweltleistung wird kontinuierlich verbessert. Für neue Vorhaben, Tätigkeiten, Abläufe und Geräte werden wir die ökologischen Auswirkungen im Voraus beurteilen.

Umfeld
Wir beziehen im Rahmen unserer Möglichkeiten die Lieferanten, Auftragnehmer und Kunden in unsere Umweltziele ein, insbesondere bei der Beschaffung von Geräten und Material sowie bei der Ausschreibung von Aufträgen.

Information
Die Öffentlichkeit wird über unsere umweltpolitischen Absichten in Kenntnis gesetzt. Wir informieren kontinuierlich über die Umweltaktivitäten unseres Betriebs und die erreichten Ergebnisse.

Anpassung/Entwicklung
Wir passen unsere Umweltziele ständig an die neuesten umwelttechnischen Erkenntnisse und an das Wissen über unser Skigebiet an.

Die Umweltpolitik ist Teil der Umwelterklärung. Dort wird dann auch der Zusammenhang zwischen den allgemeinen Zielen und den konkreten Maßnahmen anschaulich und für jedermann nachvollziehbar.

5.2 Verfahrensplanung

Durch die Verfahrensplanung sind organisatorische Schritte festzulegen

Mit der Umweltpolitik muss auch gleich zu Beginn ein weiterer wichtiger Schritt durch die Unternehmensleitung vollzogen werden.

Das Unternehmen muss sich Verfahrensschritte überlegen, wie die oben beschriebenen Aufgaben angefangen und umgesetzt werden sollen. Dies betrifft sowohl organisatorische Aspekte, als auch die Bereitstellung finanzieller Mittel und die Zuordnung der Bestätigung von Verantwortlichen.

Wie bereits angesprochen, kann dazu auch die Beteiligung bzw. Zuarbeit von externen Büros, fachlichen Experten oder Beratern gehören.

Im Zusammenhang mit der EMAS-Verordnung entspricht dieses Verfahren, das sicherstellt, dass die bedeutenden Umweltaspekte bei der Einführung, der Umsetzung und der Fortführung des Umweltmanagementsystems beachtet werden, der (ersten) Umweltprüfung. Dieses Instrument wird ausführlich in ▶ Kap. 7 vorgestellt.

Checkliste Umweltpolitik und Verfahrensplanung

- ☐ Wurde die Umweltpolitik schriftlich festgehalten und enthält sie umweltbezogene Gesamtziele und Handlungsgrundsätze?
- ☐ Wurde die Umweltpolitik von der obersten Leitung bzw. entsprechenden Gremien in Kraft gesetzt?
- ☐ Ist der Anwendungsbereich (räumlich und inhaltlich) der Umweltpolitik nachvollziehbar dargestellt (ggf. der Cluster)?

- ☐ Betrifft die Umweltpolitik in ausreichender Weise die wichtigen Umweltauswirkungen (der Organisation des Unternehmens/der Unternehmen) und seine wichtigsten Aktivitäten?
- ☐ Wurde die Umweltpolitik allgemein verständlich formuliert?
- ☐ Enthält die Umweltpolitik Aussagen zur Einhaltung von gesetzlichen Umweltbestimmungen und Normen?
- ☐ Enthält die Umweltpolitik Aussagen zur Vermeidung von Umweltbelastungen sowie zur kontinuierlichen Verbesserung der Umweltleistungen?
- ☐ Wurden die Mitarbeiter über die Umweltpolitik und die Ziele des Umweltmanagements informiert?
- ☐ Wurde die Umweltpolitik der Öffentlichkeit zugänglich gemacht?
- ☐ Ist die Umweltpolitik mit der allgemeinen Firmenphilosophie und mit ggf. existierenden Vorgaben übergeordneter Organisationen abgestimmt?
- ☐ Wurden ausreichende Mittel zur Durchführung des Umweltmanagements bereitgestellt?
- ☐ Wurden für das Verfahren qualifizierte Mitarbeiter bereitgestellt und Verantwortlichkeiten übertragen?
- ☐ Sind externe Gutachter für Teilbereiche erforderlich?
- ☐ Wurde eine realistische Terminplanung aufgestellt?

Rechtliche Verpflichtungen

U. Pröbstl-Haider, M. Brom, C. Dorsch, A. Jiricka-Pürrer, *Umweltmanagement in Skigebieten*, https://doi.org/10.1007/978-3-662-55988-8_6

6.1 Überblick über die relevanten Rechtsvorschriften für Skigebiete mit Aufstiegshilfen

Rechtskonformität gehört zu den Schlüsselbereichen des Umweltmanagements

Die EMAS-Verordnung legt einen besonderen Schwerpunkt auf einen rechtskonformen Betrieb. Dies ist im Zusammenhang mit einem Umweltmanagementsystem im Bereich des Wintersports und der Seilbahnwirtschaft besonders wichtig, weil hier verschiedene Rechtsmaterien zusammen zur Anwendung kommen. Dies ist einer der Gründe, warum die Anwendung der EMAS-Verordnung vor allem in diesem Bereich besonders empfohlen wird.

Gemäß EMAS-Verordnung muss die Organisation (ein) Verfahren einführen, verwirklichen und aufrechterhalten, um

- geltende rechtliche Verpflichtungen und andere Anforderungen, zu denen sich die Organisation in Bezug auf ihre Umweltaspekte verpflichtet hat, zu ermitteln und zugänglich zu haben sowie
- zu bestimmen, wie diese Anforderungen auf ihre Umweltaspekte anwendbar sind.

Die Verordnung legt weiterhin fest, dass sichergestellt sein muss, dass diese geltenden rechtlichen Verpflichtungen und anderen Anforderungen, zu denen sich die Organisation verpflichtet hat, beim Einführen, Verwirklichen und Aufrechterhalten des Umweltmanagementsystems berücksichtigt werden.

Zur Einhaltung von Rechtsvorschriften muss die Organisation, die sich nach EMAS registrieren möchte, nachweisen, dass sie

- alle geltenden rechtlichen Verpflichtungen im Umweltbereich ermittelt hat und die im Rahmen der Umweltprüfung gemäß Anhang I festgestellten Auswirkungen dieser Verpflichtungen auf ihre Organisationen kennt,
- für die Einhaltung der Umweltvorschriften (einschließlich Genehmigungen und zulässiger Grenzwerte in Genehmigungen) sorgt und
- über Verfahren verfügt, die es ihr ermöglichen, diesen Verpflichtungen dauerhaft nachzukommen.

Rechtsdatenbanken tragen zur Reduktion von Haftungsrisiken bei

Die Praxis zeigt, dass durch die Anforderungen an die Dokumentation und den Aufbau einer Rechtsdatenbank die Haftungsrisiken vor allem im Bereich Verwaltungsrecht erheblich minimiert werden können. Auch Risiken im Bereich Zivil- und Strafrecht verringern sich durch die Dokumentation der Einhaltung der Rechtsvorschriften erheblich.

Warum rechtlichen Aspekten gerade in Skigebieten breiter Raum gewidmet werden muss, lässt sich an den vielfältigen und komplexen Themenfeldern, die hier zur Anwendung kommen bzw. kommen können, anschaulich zeigen. Die verschiedenen rechtlichen Aspekte sind nachstehend mit Beispielen kurz angesprochen. Jede der genannten Rechtsmaterien ist im Einzelfall zu prüfen.

In Skigebieten kommen verschiedene Rechtsmaterien zur Anwendung

In Zusammenhang mit der Errichtung und dem Betrieb von Skipisten sind vertragsrechtliche Aspekte zu prüfen, die auch umweltrelevant sein können. Dazu zählen

- eigentumsrechtliche Fragen/Grunderwerb,
- Pachtverträge,
- Servitutseinräumungen und
- Ausgleichszahlungen an Grundeigentümer (in Servitutsverträgen).

Diese Pachtverträge betreffen nicht nur Skipisten, Ver- und Entsorgungsleitungen, sondern auch Zufahrtswege und Trassen für die Schneileitungen (i. d. R. Leitungen zur Wasser- und Stromversorgung für die Beschneiung). Wasserrechte bzw. Nutzungsrechte von Quellfassungen bzw. Wasserentnahmerechte gehören ebenfalls in diese Kategorie. Zu beachten ist auch, dass teilweise die rechtlichen Regelungen mit Grundeigentümern nicht nur Zahlungen betreffen können, sondern auch Pflegeverpflichtungen, Düngung und ähnliches.

Bei der Errichtung und dem Betrieb von Aufstiegshilfen betreffen die Verträge die Seilbahnerrichtung (Baufirmen, Anlagenbauer etc.) und die entsprechende Gewährleistung. Wichtig sind weiterhin Serviceverträge betreffend den laufenden Seilbahnbetrieb und Energielieferverträge mit Stromanbietern. Erfolgt eine Einspeisung von Energie durch das Skigebiet, sind auch diese Verträge aufzunehmen.

Weitere zu beachtende rechtliche Dokumente betreffen die behördlichen Bewilligungen und die entsprechenden Voraussetzungen bzw. Auflagen für die Bewilligungen. Dazu gehören beispielsweise die aus der Umweltverträglichkeitsprüfung oder der Begleitplanung resultierenden behördlichen Auflagen im Bescheid. Hierzu gehören auch naturschutzfachliche Ausgleichsflächen oder -maßnahmen, Bewirtschaftungsauflagen usw.

Zu den naturschutzrechtlichen Bewilligungen kommen i. d. R. auch forstrechtliche Bewilligungen für Rodungen, wasserrechtliche Bewilligungen für Wasserentnahme oder Einleitung von Wasser hinzu.

Aufbau eines Rechtsregisters

Teilweise werden bei der Genehmigung auch die Anforderungen der Alpenkonvention beachtet, daraus ergeben sich

Tab. 6.1 Muster für die Erstellung eines Rechtsregisters

Nr.	Rechtsvorschrift	In der geltenden Fassung	Text	Prüfintervall, Datum letzte Überprüfung	Verantwortlichkeit	Status (z. B. kontrolliert und eingehalten)

jedoch i. d. R. keine zusätzlichen Auflagen, die über die oben genannten hinausgehen, sie werden vielmehr dort aufgenommen.

Diese naturschutz-, forst- und wasserrechtlichen sowie baurechtlichen Auflagen aus den Genehmigungsbescheiden sind dauerhaft einzuhalten. Daher ist es ein großer Vorteil, die rechtlichen Grundlagen für den Betrieb (Pacht, Servitutsrechte usw.), die Genehmigungen sowie die umweltrechtlichen Auflagen für den Betrieb in einem Rechtsregister zusammenzustellen (Tab. 6.1).

Eine größere Schwierigkeit stellt die Zusammenstellung der Rechtsgrundlagen dar, die sich nicht unmittelbar aus Bescheiden und behördlichen Auflagen oder den privatrechtlichen Regelungen ergeben.

Das Unternehmen ist verpflichtet, auch weitere einschlägige gesetzliche Verpflichtungen zu ermitteln. Hierzu gehören im Skigebiet regelmäßig gesetzliche Regelungen zum Arbeitnehmerschutz, Beachtung von Sicherheitsregelungen und Haftungsfragen (z. B. Hinweise zum Haftungsausschluss, Hinweise auf die FIS-Regeln usw.).

Im Zusammenhang mit der eigenständigen Vermittlung einschlägiger umweltrelevanter gesetzlicher Verpflichtungen kommt der Beachtung europäischer Richtlinien eine besondere Bedeutung zu. Hierzu zählen die Umwelthaftungsrichtlinie und die FFH-Richtlinie bezogen auf die überall geschützten Arten.

Aufgrund der besonderen Relevanz dieser Aspekte und der eigenverantwortlichen Berücksichtigung sind nachstehend wichtige Informationen und Hilfestellungen dieser Richtlinien enthalten.

6.2 Spezielle rechtliche Herausforderungen

6.2.1 Umwelthaftung und Umweltschaden

Neue rechtliche Herausforderungen stellen die Sicherheit und Umwelthaftung in Europa dar

Der Begriff des Umweltschadens wurde durch die gemeinschaftsrechtliche Pflicht zur Umsetzung der europäischen Umwelthaftungsrichtlinie (UH-RL) geprägt und gilt in allen

Mitgliedstaaten der Europäischen Gemeinschaft. Betroffen sind hiervon mögliche Auswirkungen auf die Schutzgüter Wasser, Boden sowie Arten und natürliche Lebensräume (Voets 2009; Europäische Union 2013).

Die Umwelthaftungsrichtlinie (UH-RL) ist nicht anwendbar auf Schäden, die auf Ereignisse bzw. Vorfälle vor dem 30. April 2007 zurückgehen. Sie kommt auch dann nicht zur Anwendung, wenn die schadensauslösenden Ursachen mehr als 30 Jahre zurückliegen.

Ein Umweltschaden ist eine Schädigung geschützter Arten und natürlicher Lebensräume. Damit ist jeder Schaden zu verstehen, der erhebliche nachteilige Auswirkungen in Bezug auf die Erreichung oder Beibehaltung des günstigen Erhaltungszustands dieser Lebensräume oder Arten hat. Die Erheblichkeit dieser Auswirkungen ist mit Bezug auf den Ausgangszustand zu ermitteln. Dabei sind die Kriterien in Anhang I der Umwelthaftungsrichtlinie zu berücksichtigen. Hierzu gehören bei Tier- und Pflanzenarten z. B. die Anzahl der Exemplare, die Bestandsdichte, das Vorkommensgebiet, die Fortpflanzungsfähigkeit der betroffenen Art, die natürliche Regenerationsfähigkeit sowie die Bedeutung des Eintritts (örtlich, regional, überregional usw.).

Darüber hinaus wird als Umweltschaden eine Schädigung der Gewässer bezeichnet, d. h. jeder Schaden, der erhebliche nachteilige Auswirkungen auf den ökologischen, chemischen und/oder mengenmäßigen Zustand und/oder das ökologische Potenzial der betreffenden Gewässer bewirkt. Betreiber haften für die Sanierung von Schäden, wenn diese als erheblich eingestuft werden und wenn ein ursächlicher Zusammenhang zwischen dem Schaden und den Tätigkeiten des Unternehmens bzw. des Betreibers festgestellt werden kann.

Wichtig ist, dass diese Richtlinie nicht für Personenschäden, Schäden an Privateigentum oder wirtschaftliche Verluste gilt.

Bei der Umwelthaftung gilt auch das Verursacherprinzip

Neu ist im Zusammenhang mit der Umwelthaftung auch die sogenannte Ursachenvermutung. Sollte eine Anlage nach den Gegebenheiten geeignet sein, den Schaden zu verursachen, so wird vermutet, dass der Schaden tatsächlich durch die Anlage verursacht wurde. Der Anlagenbetreiber hat die Möglichkeit, die Ursachenvermutung zu widerlegen. Die Anforderungen an diesen Nachweis sind jedoch streng. Dadurch hat die Bedeutung von Umweltmanagementsystemen zugenommen, da diese entsprechende Nachweise erleichtern.

Mit der UH-RL wurde auch Nichtregierungsorganisationen (NRO) und Bürgern das Recht eingeräumt, die zuständigen Behörden über alle Umweltschäden (oder die unmittelbare Gefahr eines Umweltschadens) zu informieren und gegen Maßnahmen oder Unterlassungen der zuständigen Behörden vorzugehen, um sicherzustellen, dass diese im öffentlichen Interesse mit geeigneten Maßnahmen Umweltschäden verhindern oder alle erforderlichen Sicherungsmaßnahmen veranlassen (Europäische Union 2013).

Nachstehend sind spezielle Aspekte bezogen auf das Wasser und die Biodiversität kurz angesprochen.

Für wasserwirtschaftliche Fragestellungen in Bezug auf die Umwelthaftung sind folgende angeführte Sachverhalte maßgeblich:

- Die Benutzung von Oberflächen- oder Grundwasser zur Bereitstellung der zur Schneeerzeugung erforderlichen Wassermenge unter Berücksichtigung fremder Rechte sowie des jeweiligen Zustands der Wasserkörper.
- Eine Beschneiung innerhalb wasserrechtlich besonders geschützter Bereiche ist nur nach einer Einzelfallbeurteilung zulässig.
- Die Auswirkungen der Aufbringung des Wassers als Schnee und durch dessen Abschmelzen auf Vegetation, Boden, Bodenwasserhaushalt und Abflussverhältnisse.

Die Artenvielfalt in europäischen Skigebieten ist nicht als Ganzes geschützt, sondern es sind in Mitgliedsstaaten der europäischen Gemeinschaft nur Arten und Lebensräume gemäß Vogelschutzrichtlinie und Fauna-Flora-Habitat-Richtlinie geschützt (Beispiel in ◘ Abb. 6.1). Dies grenzt die Möglichkeit von Schadensfällen von vorneherein deutlich ein (vgl. Zugvögel nach Art. 4 Abs. 2 der Vogelschutzrichtlinie, geschützte Vogelarten nach Anhang I der Vogelschutzrichtlinie sowie Tier- und Pflanzenarten nach Anhang II der FFH-Richtlinie sowie die Liste der überall geschützten Tier- und Pflanzenarten nach Anhang IV der FFH-Richtlinie).

Ziel der Umwelthaftungsrichtlinie ist es, präventiv zu wirken und die Sanierung von signifikanten Umweltschäden zu gewährleisten. Die Schäden sollen vom Verursacher behoben werden. Damit soll das Verursacherprinzip durch die EU weiter gestärkt und gefördert werden.

Bei geschützten Lebensräumen und Arten würden folgende Schädigungen als nicht erheblich eingestuft (Europäische Union 2013):

- Schädigungen, die geringer sind als die natürlichen Schwankungen und Abweichungen.

Abb. 6.1 FFH-Lebensraumtyp im Bereich der Skipiste: Hangquellmoor mit Orchideen und Wollgras. (Foto: Rüdiger Urban)

- Schädigungen, die auf eine Bewirtschaftung der betreffenden Ressourcen zurückzuführen sind, die in dieser Form über einen langen Zeitraum durchgeführt wurden.
- Schädigungen von Arten und Lebensräumen, die sich nachweislich ohne äußere Einwirkung in kurzer Zeit soweit regenerieren werden, dass entweder der Ausgangszustand erreicht wird oder natürlich ein Zustand erreicht wird, der im Vergleich zum Ausgangszustand als gleichwertig oder besser zu bewerten ist.

Die Prüfschritte zur Feststellung eines Biodiversitätsschadens sind in Abb. 6.2 dargestellt.

Allerdings werden Schädigungen geschützter Arten und natürlicher Lebensräume dann nicht durch diese Richtlinie erfasst, wenn die nachteiligen Auswirkungen, die aufgrund von Tätigkeiten eines Betreibers entstehen, von den zuständigen Behörden gemäß den Vorschriften zur Umsetzung von Art. 6 Abs. 3 und 4 oder Art. 16 der FFH-Richtlinie (Richtlinie 92/43/EWG) oder Art. 9 der Vogelschutzrichtlinie (Richtlinie 2009/147/EG) oder von Arten mit gleichwertigen nationalen Naturschutzvorschriften ausdrücklich genehmigt wurden. Dies ist bei FFH-Verträglichkeitsprüfungen (NVP in Österreich), artenschutzrechtlichen Prüfungen (saP), die keine Betroffenheit feststellen, oder entsprechenden behördlichen Bescheiden der Fall.

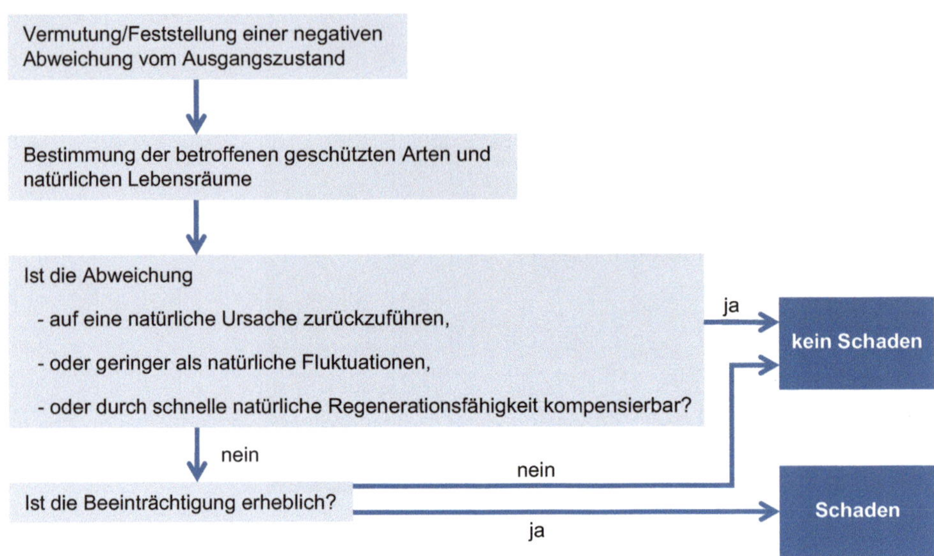

Abb. 6.2 Prüfschritte zur Feststellung eines Biodiversitätsschadens. (Nach Voets 2009)

6.2.2 Sicherheit

6.2.2.1 Lawinensicherung

Sicherheitsaspekte gewinnen an Bedeutung

Im Berggebiet kommt der Lawinensicherheit eine enorme Bedeutung zu. Der Schutz des Skiraums vor Lawinen ist bereits zentraler Bestandteil bei der Genehmigung eines Skigebietes. In Bereichen mit Lawinengefahr setzt sich der Schutz des Skigebietes in der Regel aus der Errichtung von permanenten technischen Lawinenschutzmaßnahmen (z. B. Verbauungen) und semipermanenten Maßnahmen zusammen, die von Sperrung bis zur künstlichen Lawinenauslösung reichen (bmvit 2011). Das Unternehmen muss in diesem Zusammenhang die Anlagen- und Betriebssicherheit von Seilbahn und Piste gewährleisten. Dazu gehört, dass nicht nur die Seilbahn selbst sowie die ihr zugehörigen Skipisten und Zu- und Abgangsbereiche der Stationen sondern auch die Flächen zum Erreichen und Verlassen der Seilbahn (Bergungsräume) durch Experten, wie z. B. eine örtliche Lawinenkommission, überprüft werden. Die von der Kommission geforderten Maßnahmen sind dann einzuhalten.

Skigebiete, die nicht von Natur aus lawinensicher sind, sollten über ein Lawinenschutzkonzept verfügen, in dem diese Maßnahmen zusammengefasst sind. Zur Beurteilung der örtlichen Bedingungen werden Diagnosesysteme eingesetzt, die unter Berücksichtigung diverser Einflussfaktoren, wie Topografie, Schneedeckenaufbau, Metamorphose des Schnees sowie zeitliche und kleinklimatische Rahmenbedingungen, die jeweilige Gefahrensituation abbilden können (z. B. ADS – Avalanche Diagnosis System) (Keiler et al. 2006).

In den meisten Skigebieten mit Lawinengefahr werden inzwischen zumeist eine Kombination aus dauerhaften bautechnischen Einrichtungen und Methoden zur künstlichen Lawinenauslösung kombiniert. Die temporären Lawinensicherungsmaßnahmen in Form von Absprengeinrichtungen sind zudem aufgrund ihrer geringen Dimension und optischen Unauffälligkeit im Vergleich zu Lawinenschutzbauten wesentlich weniger belastend für das Landschaftsbild. Neben diesen Möglichkeiten besteht in manchen Gebieten auch die Option, langfristig den natürlichen Lawinenschutz durch Wald wieder aufzubauen oder zu verbessern.

6.2.2.2 Sicherheit im organisierten Skiraum

Detaillierte Sicherheitskonzepte gehören weltweit zu den Standards gut geführter Betriebe. Hierzu gehören die „Ski resorts safety plans“, „Ski resorts accident prevention plans“ (Skigebietssicherheitspläne bzw. Unfallvorbeugungspläne) in den USA (CSSSO 2009; Mingo 2000) ebenso wie das Prädikat „Geprüftes Skigebiet Deutschland“ durch die Stiftung Sicherheit im Skisport (König 2014). Häufig werden die Wechselwirkungen zwischen Sicherheits- und Umweltaspekten nur unzureichend beachtet. Dieser Zusammenhang ergibt sich durch die unterschiedliche Verkehrssicherungspflicht bezogen auf den organisierten Skiraum und den freien Skiraum (◘ Tab. 6.2).

Der organisierte Skiraum stellt die Gesamtheit aus Skipisten und/oder Skirouten dar. Variantenabfahrten gehören nicht dazu. Außerhalb des organisierten Skiraums befährt

Die Eigenverantwortung des Skifahrers und Snowboarders ist mit zu berücksichtigen

◘ **Tab. 6.2** Verkehrssicherungspflicht

Organisierter Skiraum		Freier Skiraum
Piste	**Skiroute**	**Variante**
– Markiert – Ausreichend angelegt – Meist präpariert – Kontrolliert – Schutz vor atypischen und alpinen Gefahren	– Markiert – Nicht definierte Breite – Nicht präpariert – Nicht kontrolliert – Schutz vor Lawinengefahren	– Nicht markiert – Nicht angelegt – Nicht präpariert – Nicht kontrolliert – Kein Schutz vor alpinen Gefahren

der Wintersportler den freien Skiraum grundsätzlich in Eigenverantwortung. Zudem ergibt sich der Zusammenhang zwischen Umweltaspekten aus der Einstufung von Gefahren auf der Piste und der auch hierbei gegebenen Eigenverantwortlichkeit des Wintersportlers. Im Zusammenhang mit der Verkehrssicherungspflicht auf der Skipiste wird zwischen typischen und atypischen Gefahren unterschieden. Zu den typischen Gefahren gehören üblicherweise vorhandene Geländehindernisse, Buckel, einzelne schneefreie Stellen, wechselnde Schneeverhältnisse, aber auch Markierungsstangen und Wegweiser.

Kriterien für die Beurteilung von Gefahren

Aus der Sicht des Umweltmanagements müssen mögliche atypische Gefahren durch das Unternehmen beseitigt oder es muss vor ihnen ausreichend gewarnt werden (Dambeck und Wagner 2007). Atypisch sind Gefahren, mit denen im Hinblick auf das Erscheinungsbild und den angekündigten Schwierigkeitsgrad der Piste ein Wintersportler nicht rechnet bzw. nicht rechnen kann. Hierzu zählen fallenartige Hindernisse, wie z. B. Betonsockel, Gräben, Stein- oder Felsblöcke. Allerdings werden diese nur dann als atypisch eingestuft, wenn sie nicht bereits weithin sichtbar sind (Dambeck und Wagner 2007). In diesem Zusammenhang ist auch die jeweilige nationale Rechtsprechung zu beachten, die in diesen Punkten abweichen kann und teilweise die Eigenverantwortung des Skifahrers unterschiedlich einstuft[1].

Die Wechselwirkungen von Umwelt- und Sicherheitsaspekten sind zu beachten

Bei gerichtlichen Auseinandersetzungen werden die Größe der Gefahr, der Grad der Erkennbarkeit, die Zumutbarkeit der Sicherungsmaßnahmen und die Leistungsfähigkeit des Sicherungspflichtigen sowie die Art der Maßnahme (z. B. Warnung, Absicherung, Beseitigung oder Absperrung) zur Beurteilung herangezogen. Stuft ein Unternehmen den Grad der Erkennbarkeit niedrig ein und bevorzugt es statt Warnung oder Absicherung eher die Beseitigung, kann dies Umweltauswirkungen haben. Die Verkehrssicherungspflicht ist zeitlich begrenzt auf die Betriebszeiten der Anlage und Abfahrtsdauer und endet im Allgemeinen mit der Kontrollfahrt. Im Rahmen des Umweltmanagements kommt dieser Frage eine hohe Bedeutung zu. Wichtig ist in diesem Zusammenhang insbesondere die klare Ablesbarkeit des Pistenrandes. Weiterhin sind Engstellen, Kreuzungen von Skiabfahrten, Kreuzungen mit Fußgängern oder Straßen, Kreuzungen mit Schleppliften und Einrichtungen zur Pistenpräparation durch Warnschilder zu kennzeichnen, wenn hier

1 Für Österreich siehe Manhart und Manhart (2015) sowie Stabentheiner (2016).

Gefahren entstehen können. Die Verkehrssicherungspflicht gilt auch für Flächen außerhalb der Piste, z. B. auf Wegen zu den Parkplätzen, zu Toiletten oder zu den Beförderungseinrichtungen.

Haftungsfragen werden auch durch bekanntgegebene Verhaltensregeln (z. B. die FIS-Regeln) und Informationen beeinflusst, die den Eigenschutz positiv beeinflussen. Ein Zuviel an Beschilderung kann jedoch auch nachteilig sein, da die Beschilderung auch bei wechselnder Schneelage und Witterung wirksam sein muss. Außerdem können umfangreiche Beschilderungen dort, wo keine aufgestellt sind, den subjektiven Eindruck erwecken, dass keine Gefahren zu beachten seien.

Übersicht über die wichtigsten Aspekte zur Sicherheit in Skigebieten

- Orientierung durch Übersichtspläne für alle Nutzungen mit Leitsystem, Gebietsübersichten mit Schwierigkeitsgraden und aktuellen Sperrungen
- Informationen über potenzielle Gefahren (z. B. Lawinen, Schneelage, Wetterwechsel)
- Pistenrandmarkierungen insbesondere in Kreuzungsbereichen, Abzweigungen und erhöhten Gefahren außerhalb
- Beschilderung von Gefahrenstellen
- Sicherung atypischer Gefahrenstellen
- Sicherung der Pistenrandbereiche mit atypischen Gefahren
- Bekanntgabe von Verhaltensregeln
- Ansprechpartner für Sicherheitsfragen im Unternehmen
- Bekanntgabe von Rettungseinrichtungen (z. B. Bergwacht)

Daher haben sich bereits häufig im Rahmen des Umweltmanagements sogenannte Sicherheitspläne bewährt, bei denen unter Hinzunahme von Experten die Unternehmen durch eine Pistenbegehung beraten werden[2]. Experten in Nordamerika (CSSSO 2009) empfehlen darüber hinaus auch regelmäßige Geschwindigkeitsmessungen.

---

2 in Deutschland „Prädikat geprüftes Skigebiet Deutschland", Stiftung Sicherheit im Skisport, König (2014).

Im Hinblick auf eine sommertouristische Nutzung des Gebietes kommen weitere zu prüfende Aspekte hinzu (Seilbahnen Schweiz 2011).

Übersicht über die wichtigsten Aspekte zur Sicherheit für eine sommertouristische Nutzung in Skigebieten

- Absturz- und Naturgefahrensicherung um Stationen, Anlagen und betreute Infrastruktur
- Abgrenzung des gesicherten und kontrollierten Geländes von nicht gesicherten Bereichen (Übersichtspläne, Regelung von Kontrolle, Signalisation)
- Bewilligung sowie Normkonformität von Bau, Unterhalt und Wartung, Benutzungsregeln und Umfeldsicherung von Infrastruktureinrichtungen (z. B. Spielplätze, Freizeit- und Sportanlagen)
- Darstellung von Wegen und Infrastruktur mit Sicherungspflicht
- Information zu Anforderungen von Wegen, Klettersteigen oder sonstiger Infrastruktur sowie insbesondere zu atypischen Schwierigkeiten, Gefahren und Nutzungsmix (z. B. Wandern und Mountainbiken)
- Schutz vor saisonal bedingten Gefahren, Stein- und Felsschlaggefahr
- Dokumentationspflichten, Kontroll- und Wartungsprotokollauflagen
- Informations-, Kontroll- und Schutzpflichten bei vermieteten Fortbewegungsmitteln bzw. Angeboten von kooperierenden Drittanbietern

Checkliste für rechtliche Verpflichtungen

- ☐ Wurden Verfahren eingeführt um geltende rechtliche Verpflichtungen zu ermitteln und verfügbar zu haben?
- ☐ Wurden die rechtlichen Verpflichtungen bei der Einführung und Umsetzung des Umweltmanagements berücksichtigt und überprüft?

- ☐ Wurden insbesondere folgende Rechtsmaterien überprüft:
  - Vertragsrecht (z. B. Eigentumsrechtliche Fragen, Pachtverträge, Servitutseinräumungen, Ausgleichszahlungen, Serviceverträge),
  - behördliche Bewilligungen und Bescheide (Naturschutzrecht, Baurecht, Wasserrecht, Eisenbahnrecht u. a.),
  - Umwelt und Sicherheit (z. B. Verkehrssicherung),
  - Umwelthaftung (Umweltschadensgesetzgebung, Wasserrecht, Bodenschutz, Naturschutzgesetzgebung)?
- ☐ Wurden die jeweiligen Vorschriften an die zuständigen Personen/Abteilungen angemessen kommuniziert bzw. übermittelt?
- ☐ Gibt es ein Verzeichnis der umweltrechtlichen Vorschriften und Bescheide für den Standort?
- ☐ Gibt es Sicherheitsbeauftragte im Unternehmen?
- ☐ Werden sicherheitsrelevante Themen im Unternehmen umfassend behandelt und dokumentiert?
- ☐ Besteht eine Versicherung für die diversen Haftungsrisiken?
- ☐ Gibt es eine Notfallplanung bzw. -organisation?

Umweltprüfung

U. Pröbstl-Haider, M. Brom, C. Dorsch, A. Jiricka-Pürrer, *Umweltmanagement in Skigebieten*, https://doi.org/10.1007/978-3-662-55988-8_7

7.1 Einführung

Grundlage für die Umweltprüfung ist eine umfassende Ist-Analyse

Die Umweltprüfung ist eine umfassende Untersuchung der umweltbezogenen Fragestellungen und Auswirkungen.

Die fachlichen Inhalte, die im Rahmen der Umweltprüfung eine Rolle spielen, wurden bereits in den vorhergehenden Kapiteln kurz angesprochen. Wichtig ist, dass der ersten Umweltprüfung eine umfassende Ist-Analyse zugrunde liegt.

Nur bei der ersten Umweltprüfung entsteht ein größerer Aufwand. Später sind die ausgewählten Inhalte gezielt fortzuschreiben und die Maßnahmen entsprechend umzusetzen. Die Ausführungen an dieser Stelle beziehen sich hauptsächlich auf den Verfahrensschritt selbst. Inhaltliche Aspekte werden dann in den Unterkapiteln vertieft.

Die Fortschreibung der Umweltprüfungen erfolgt je nach Unternehmensgröße in regelmäßigen Abständen, wobei die wesentlichen Arbeitsschritte durch das Unternehmen überprüft werden müssen.

Die Datenfortschreibung dient auch als Grundlage für die internen Audits, die regelmäßig durchgeführt werden müssen. In der Regel ist bei der Bearbeitung der Umweltprüfung – allein aus fachlichen Gründen – der Einbezug der Betriebsangehörigen notwendig. Deren Mitwirkung ist in jedem Falle vorzusehen, weil dies wesentlich zur Verankerung des Umweltbewusstseins und zur Motivation beiträgt. Die Umweltprüfung sollte als interaktiver Prozess zwischen Mitarbeitern und Sachbearbeitern gestaltet werden. Dabei sollen die Mitwirkenden nicht unnötig mit theoretischen Ausführungen (z. B. formale Abläufe) belastet werden. Die Diskussion von Sachfragen soll im Vordergrund stehen.

Der erste schwierige Schritt ist bei der ersten Umweltprüfung die Abgrenzung und Zusammenstellung aller relevanten Umweltaspekte in einem Skigebiet, die Erfassung möglicher Auswirkungen des Betriebes sowie die Übersicht zu den anzuwendenden Umweltvorschriften. Diese Aspekte sollen systematisch und vollständig erfasst und im Einzelnen bewertet werden.

Direkte und indirekte Umweltaspekte sind zu unterscheiden

Insbesondere die erste Umweltprüfung dokumentiert den Ist-Zustand und bildet die Grundlage für alle weiteren Schritte. Um den Prüfumfang unternehmensspezifisch auszurichten und der Aufgabenstellung entsprechend angemessen aufzubauen, werden folgende Schritte empfohlen:

1. Zunächst ist zwischen direkten und indirekten Umweltaspekten (vgl. EMAS Anlage 1) zu unterscheiden. Dabei ist jeder Standort bzw. Teil in die Betrachtung mit einzubeziehen.

Direkte Umweltwirkungen im Skigebiet sind beispielsweise die Beschneiung, die Pistenpräparierung, also Bereiche, die zu den Schlüsselbereichen im Unternehmen gehören und mit entsprechenden Daten und Kennzahlen zu unterlegen sind. Indirekte Umweltwirkungen betreffen solche Aspekte, die das Unternehmen nur teilweise beeinflussen kann. Hierzu gehört z. B. die Anreise der Skifahrer, Verhalten der Mitarbeiter oder Lieferanten und dienstleistungszyklusbezogene Aspekte. Weitere Beispiele für direkte und indirekte Umweltaspekte liefert Anhang I der EMAS-Verordnung.

2. Eine Hilfestellung, um innerhalb der direkten Umweltwirkungen relevante Aspekte herauszuarbeiten, ist die Analyse der Nutzungen im Gebiet. Die Betrachtungen der Nutzung sollten neben dem Wintersport auch die ggf. vorhandene sommertouristische Nutzung, die Landnutzung (land- und forstwirtschaftliche Nutzen) und ggf. zusätzliche Services (Skiverleih, Gastronomie) usw. getrennt betrachten und analysieren (◘ Abb. 7.1). Eine andere Hilfestellung ist, wenn man für die weitere Datenzusammenstellung und Zusammenstellung möglicher relevanter Umweltaspekte einen schutzgutbezogenen Ansatz wählt (◘ Tab. 7.1). Zu den natürlichen Schutzgütern müssen darüber hinaus noch regelmäßig die Bereiche Energie (Energieeffizienz), Abfall, Lärm und die Nutzung von Ressourcen betrachtet werden.

Sport- und nutzungsbezogene Daten					
Pisten	**Liftanlagen**	**Beschneiung**	**Sonstige Wintersport Infrastruktur**	**Sommer-tourismus**	**Landnutzung**
Abgrenzung Nutzungsintensität Wettkampf/ Breitensport/ Homologierung	Anzahl, Art technische Daten theoretische Beförderungs-kapazität Betriebsdaten Winter/Sommer	Beschneite Flächen Beschneiungs-geräte/ Leitungsverlauf Speicher (Volumen/ Wasserentnahme) Beschneiungsziele/ Volumen	Flutlichtanlagen Funparks, Rodelbahnen, Skikindergärten, Halfpipe, Eislaufparks etc. Events Loipen u. ä.	Luftsport MTB-Strecken Wanderwege Sommerrodel-bahnen Spielgelände Lehrpfade u. ä.	Landwirtschaftliche Nutzung Forstliche Nutzung Leitungstrassen (Wassernutzung, Strom) Straßen, Wege, Pfade Parkplätze Gaststätten, Almen etc.

◘ **Abb. 7.1** Mögliche Inhalte und verfügbare nutzungsbezogene Daten als Grundlage für das Umweltmanagement. (verändert nach Pröbstl et al. 2003)

Tab. 7.1 Mögliche Inhalte und verfügbare naturräumliche Daten als Grundlage für das Umweltmanagement. (verändert nach Pröbstl et al. 2003)

Umweltdaten				
Boden	**Wasser**	**Klima/Luft**	**Vegetation**	**Fauna**
Geologische Karte Bodenkarte Lawinenkataster Hanglabilitätskarte Schadereignisse Geländeeingriffe Bodenschutzgebiete Rodungen	Fließgewässer Stehende Gewässer Wasserschutzgebiete Wasserqualität Wassermengen/Niedrigwasserabfluss Einzugsgebiete Wasserverbrauch Ver- und Entsorgung	Lufttemperatur Niederschlag Ausaperungsabfolge Emissionen	Wald-Freiflächen-Verteilung Charakteristische Pflanzengemeinschaften Vorkommen von Arten der Roten Listen Schutzgebiete Deckungsgrad Schäden	Nachweise, Reviere von Arten der Roten Listen Einstandsgebiete Wildtiere/Wildruhegebiete Habitatstrukturen

Voraussetzungen für die Zusammenstellung sind die Datengrundlagen, i. d. R. darüber hinaus die Umwandlung bzw. Veranschaulichung der Informationen und ihre Bewertung. Die qualitative und quantitative Bewertung aller Umweltwirkungen erfolgt grundsätzlich nach selbst aufgestellten Kriterien. Die Bewertung muss für den Umweltgutachter und die Öffentlichkeit nachvollziehbar sein. Daher macht es häufig Sinn, nicht die gesammelten Originaldaten, sondern die aufbereiteten und bewerteten Daten Umweltgutachtern und der Öffentlichkeit zur Verfügung zu stellen und einen zweiten Bericht mit den Rohdaten zu erstellen, auf den bei den Folgeprüfungen dann zurückgegriffen werden kann bzw. der dann fortgeschrieben wird. Aus diesem Bericht mit Rohdaten und der Bewertung werden dann die Informationen für die Umwelterklärung abgeleitet und anschaulich aufbereitet.

Nachstehend wird anhand von Fallbeispielen aus verschiedenen Skigebieten dargelegt, welcher Detaillierungsgrad gerade im Hinblick auf den meist doch relativ großen Landschaftsausschnitt anzuwenden ist und welche Bewertung sich anbietet. Im Bereich Naturraummanagement und Ökologie sowie im Bereich Energie empfiehlt es sich, Experten bei der Bestandsaufnahme hinzuzuziehen oder diese damit zu beauftragen. Auch in diesem Fall ist es wichtig, Leistungsbilder und Anforderungen an diese Aufgabe klar bestimmen zu können. Hierzu sollen die nachstehenden Kapitel einen wichtigen Beitrag leisten.

Im Folgenden skigebietsspezifischen Teil des Leitfadens soll sichergestellt werden, dass die Umweltprüfung zwar so

Tab. 7.2 Übersicht zu den Formblättern für die Datenerhebung

Schutzgut/Nutzung		
Datenquellen und mögliche Ansprechpartner	Basisinformation	Einstufung der Priorität und Begründung

einfach wie möglich, aber dennoch so detailliert wie fachlich nötig durchgeführt wird. Ergänzende Hinweise sind in den Checklisten enthalten.

Dieser vorgeschlagene ganzheitliche, schutzgut- und nutzungsbezogene Ansatz garantiert eine vollständige und übersichtliche Bearbeitung. Auf dieser Grundlage wurden deshalb Arbeitshilfen für jedes Schutzgut und die nutzungsbezogene Erhebung hergeleitet, deren allgemeiner Aufbau sich in der Vergangenheit bewährt hat (Pröbstl et al. 2003). Die Aufbereitung soll eine effiziente Bearbeitung erleichtern.

Schutzgüter und Nutzungen werden im Rahmen der Ist-Analyse detailliert untersucht

Bei den schutzgut- und nutzungsbezogenen Tabellen wird jeweils zunächst gezeigt, welche behördlichen Daten für die Bewertung der lokalen Situation zur Verfügung stehen (Tab. 7.2). Dies ist – wie eine Untersuchung in den verschiedensten Gebieten des Alpenraums zeigte – nicht überall gleich (Pröbstl et al. 2003). Es werden deshalb auch alternative Möglichkeiten genannt. In der zweiten Spalte wird dargestellt, welche Basisinformationen aus den behördlichen Grundlagendaten oder eigenen Erhebungen gewonnen werden. Die beiden darauffolgenden Spalten beschreiben die Priorität dieser Daten für das skigebietsbezogene Audit und zeigen die Arbeitsfelder auf, in denen die gewonnenen Grundlagendaten zur Anwendung kommen könnten. Prioritätsstufen lassen erkennen, welche Bedeutung die jeweiligen Daten und ihre Beschaffung haben. Dabei steht A für hohe Priorität, B für eine mittlere und C für eine nachgeordnete Priorität.

Die nachfolgende Beschreibung beginnt mit den natürlichen Schutzgütern. Die nutzungsbezogene Bestandsaufnahme wird im Anschluss daran beschrieben. Insgesamt hat sich ein Erhebungsmaßstab von 1:5000 als ideale Grundlage für ein Umweltmanagementsystem herausgestellt. Deshalb sollten auch die wichtigsten zu erhebenden Flächendaten, wie

- Skipistenabgrenzung,
- beschneite Flächen,
- Vegetationsgesellschaften,
- durchgeführte Baumaßnahmen,
- Schäden

in diesem Maßstab erhoben und in einem geografischen Informationssystem dauerhaft zur Verfügung stehen.

7.2 Geologie und Böden

Kenntnisse von Geologie und Boden sind Grundlage für die Beurteilung der Stabilität

Negative Umweltwirkungen in Skigebieten beziehen sich im Zusammenhang mit Geologie und Böden vor allem auf die Standsicherheit des Untergrundes und Erosionserscheinungen, die zu Schäden und haftungsrechtlichen Schwierigkeiten sowie zu Auswirkungen auf das Grundwasser führen können. Die geologischen und geomorphologischen Verhältnisse eines Skigebietes sowie die Entstehungsgeschichte spielen daher eine wichtige Rolle. Sie erlauben Rückschlüsse auf

- Hanglabilität bzw. -stabilität,
- Regenerationsfähigkeit der Standorte,
- Wüchsigkeit,
- potenzielle Folgewirkungen bei Baumaßnahmen (z. B. Planie).

Angaben zur Bodenbildung sind wichtig für die Beurteilung der Regenerationsfähigkeit der Standorte und der Evaluierung der Sanierungsmöglichkeiten. Aspekte des Bodenschutzes haben durch die Umwelthaftungsrichtlinie in Europa an Bedeutung gewonnen. Auch die Protokolle der Alpenkonvention fokussieren vor allem im Tourismusprotokoll auf empfindliche Standorte. Im Hinblick auf die ökologische Stabilität und die Naturnähe spielen die Baumaßnahmen, die für den Wintersport in der Vergangenheit erfolgten, wie Planie oder Rodungen, eine ganz entscheidende Rolle.

Planierte Pisten können je nach Intensität der Baumaßnahmen

- verändertes Abflussverhalten,
- veränderte Bodenstruktur als Folge davon,
- veränderte Pflanzendecke,
- veränderte Fauna im Boden und in der Pflanzendecke aufweisen.

Die Baumaßnahmen, die im Gebiet erfolgten, sind wichtige Basisdaten

Das bedeutet, dass sich aus einer detaillierten Aufnahme der Baumaßnahmen oft auch Folgeeffekte für verschiedene

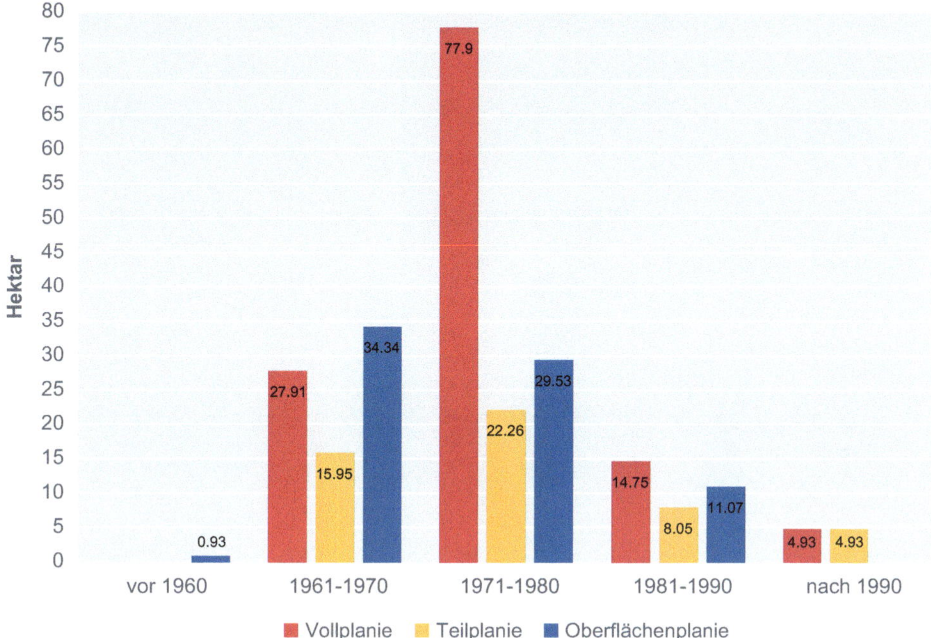

Abb. 7.2 Beispiel des Skigebietes Hausberg-Kreuzeck-Osterfelder in Garmisch-Partenkirchen (Bayern), bei dem etwa die Hälfte aller Flächen baulich verändert wurden, erkennt man, dass die Maßnahmen überwiegend in den 1970er-Jahren stattfanden und damit bei guten Bedingungen ausreichend Zeit für eine Regeneration bestand. (Pröbstl 2001)

Schutzgüter (wie Boden, Wasser, Vegetation und Fauna) ableiten lassen.

Erfasst werden sollten daher Bereiche mit Rodungen, Erdbewegungen, Regulierung der Abflussverhältnisse sowie die erfolgten Rekultivierungs- und Wiederbegrünungsmaßnahmen. Der Bau von Infrastruktureinrichtungen, Aufstiegshilfen und Lawinenauslöseeinrichtungen, wie Sprengbahnen, ist in diesem Zusammenhang ebenfalls zu betrachten. Dabei sollte immer auch das Jahr der Baumaßnahmen erhoben werden, damit Rückschlüsse auf die Regenerationsfähigkeit gezogen werden können (Abb. 7.2). Dies ist insbesondere dann möglich, wenn die Daten mit anderen Erhebungen (z. B. Schäden) in Verbindung gebracht werden. Dies ist u. a. wichtig für den Haftungsausschluss. Grundlagen und bevorzugt zu behandelnde Inhalte sind in Tab. 7.3 zusammengestellt.

7

Tab. 7.3 Grundlagen und Priorität der Information. (verändert nach Pröbstl et al. 2003)

Boden			
Datenquellen und mögliche Ansprechpartner	**Basisinformation**	**Priorität**	**BegründungBemerkung**
Geologische Karte Bodenkarte Höhenmodell (Geländestruktur) Lawinenkataster Hanglabilitätskarte Seilbahnbetreiber Befragung von ortsansässigen Experten Dokumentation von Behörden Presseberichte, Schriftwechsel (Bauanträge, Akten) Forstbehörden Wasserwirtschaftsbehörden Naturschutzbehörde Gemeinde	Hanglabilität, Erosivität	A	Wichtige Beurteilungsgrundlagen für Probleme und Sanierungsmöglichkeiten
	Bodenbildung, durchgeführte Baumaßnahmen und Geländeplanien nach Umfang (Oberflächen,- Teil- und Vollplanie), Sprengungen, Auf- und Abtrag	B, C A	Ursprüngliche Bodenbildung ist im Skigebiet häufig gestört, daher eingeschränkte Aussagekraft, dennoch wichtige Rahmengröße, die sonst aus der Geologie wenigstens allgemein abgeleitet werden muss
	Rodungsflächen	A	Waldverluste haben hohen Einfluss auf die Stabilität und die Erosionsgefahr, aber auch auf den Schutz bestehender Anlagen und Gebäude
	Schadereignisse, Erdrutsche	A	Rückschlüsse auf aktuelle eventuell sich wiederholende Probleme, Problemzonen
	Lawinenauslöseeinrichtungen	A	Bereiche mit regelmäßigen Störungen, Begründung wegen Sicherheitsaspekten, Pistenschutz u. a.
	Lawinensprengbahn	A, (B)	Bereich mit permanenten Eingriffen, Einfluss auf Wildtiere möglich

7.3 Klimatische Bedingungen

Zur Beurteilung der wintersportlichen Eignung sind vor allem die Temperaturverläufe in den Wintermonaten, die Zahl der Schneetage sowie die Schneehöhe an mehreren Messstationen wichtige Grundinformationen. Vielfach sind differenzierte Angaben nach Höhenlagen notwendig. Hier werden Aufzeichnungen des Lawinenwarndienstes beziehungsweise regionale Daten von Messstationen oder eigene Daten des Skibetriebes u. a. auf Basis der Daten zur Beschneiung (Betriebstagebuch mit Temperaturaufzeichnung) mit aufgenommen (Pröbstl et al. 2003). Nachfolgend zeigt ein Beispiel aus Österreich, wie die differenzierte regionale Datenanalyse und Betrachtung erfolgen kann.

Abb. 7.3 zeigt, dass im Hinblick auf die Beschneiung die Mittelstation der Planaibahn durch weniger Tage mit niedrigen Temperaturen (unter −3 °C) eher die Schwachstelle darstellt als die Talstation.

Die Bestandsaufnahme muss jedoch auch die Verhältnisse in den Sommermonaten miteinbeziehen. Wichtig ist hier u. a. die Verteilung der Niederschläge, insbesondere der Starkregenereignisse, die im Sommer die Erosionsgefahr erhöhen können. Diese Daten sind auch in Zusammenhang mit der technischen Beschneiung und deren Überwachung wichtig.

Mögliche Effekte des Klimawandels sind mit zu berücksichtigen

Bei aktuellen Umweltmanagementüberlegungen werden in diesem Zusammenhang auch die möglichen Folgen des Klimawandels durch Modelrechnungen mit einbezogen. Dies hilft, Investitionen sinnvoll zu planen, Sportwettkämpfe in relativ schneesichere Zeiträume zu legen und Adaptionsmaßnahmen bezogen auf den Klimawandel zu prüfen. Im Hinblick auf die Umweltwirkungen haben diese Ergebnisse eine hohe Bedeutung für Wasser- und Energiebedarf.

In Abb. 7.4 werden die Anzahl der Stunden verglichen, in denen in der Vergangenheit eine technische Beschneiung bei weniger als −3 °C durchgeführt werden konnte. Der Vergleich der Zeiträume von 1961–1990 sowie 1988–2002 für diesen sensiblen Bereich (vgl. auch Abb. 7.3) zeigt, dass die

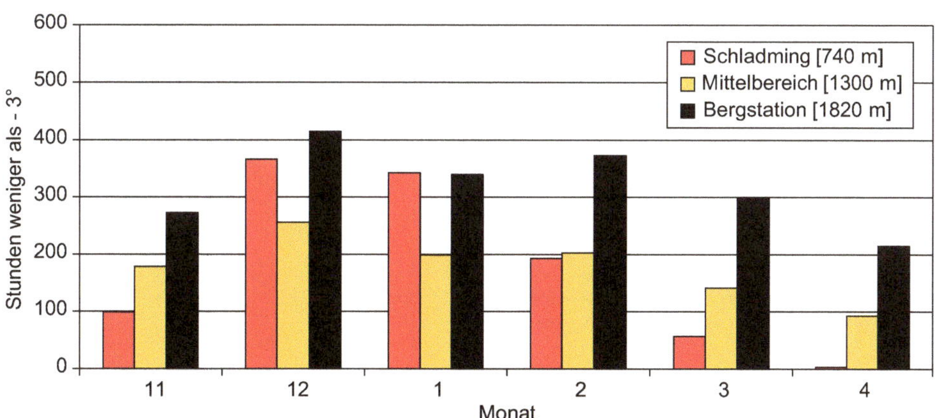

Abb. 7.3 Durchschnittliche Anzahl der Beschneiungsstunden für die Planaibahnen in Schladming für drei Bereiche, d. h. Temperaturen von weniger als −3 °C im Zeitraum 1988–2002. (Formayer et al. 2007)

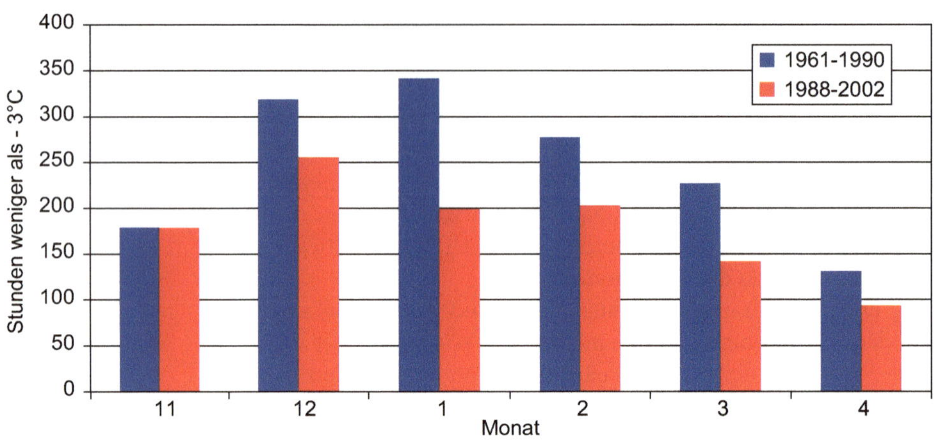

7

Abb. 7.4 Anzahl der Beschneiungsstunden für die Planaibahnen in Schladming an der Mittelstation (1300 m) bei weniger als −3 °C. Vergleich für den Zeitraum 1961–1990 und 1988–2002. (Formayer et al. 2007)

verfügbaren Zeiträume abgenommen haben, aber für einen Betrieb gut ausreichen.

Im Zusammenhang mit den Klimabedingungen spielt die technische Beschneiung eine wichtige Rolle

Auf diesen Grundlagen lassen sich dann auch Szenarien und Berechnungen zum Bedarf von zusätzlich erforderlichem technischen Schnee ableiten. Weiterhin sind Modellrechnungen möglich, die auch neue technische Entwicklungen miteinbeziehen. So wurde beim Umweltmanagement für das Skigebiet Schmittenhöhe in Zell am See auch ermittelt, wie die zu erwartende Situation bei −1 °C für die Beschneiung einzuschätzen wäre (Formayer 2013). Diese Inhalte werden in der Umweltprüfung mit berücksichtigt und dokumentiert. Grundlagen und bevorzugt zu behandelnde Inhalte sind in Tab. 7.4 zusammengefasst.

Tab. 7.4 Datenerhebung zum Schutzgut Klima. (verändert nach Pröbstl et al. 2003)

Klimatische Bedingungen			
Datenquellen und mögliche Ansprechpartner	Basisinformation	Priorität	BegründungBemerkung
Klimadaten Betriebstagebuch Schneetelefon Klimaatlas Klimawandelszenarin Wetteramt Wetter- und Klimastationen Forschungseinrichtungen	Schneehöhe höhenbezogen und Zahl der Tage mit Schneebedeckung Berücksichtigung der Stunden, zu denen beschneit werden kann	A	Richtgröße für die Eignung für den Wintersport

(Fortsetzung)

Tab. 7.4 (Fortsetzung)

Klimatische Bedingungen			
	Niederschlagsverteilung Sommer/Winter	C	Beurteilung von Erosionsverläufen im Sommer Grundlage für die Problemabschätzung und Maßnahmenplanung
	Temperatur (Verlauf im Winter in Bezug auf die Beschneiung)	B	Eignung bzw. Einsetzbarkeit der Beschneiung
	Ausaperungsabfolge	A	Erklärungsmodelle für Schadbilder, Grundlage für Sanierungsvorschläge und Beschneiungsbedarf
	Regionalisierte Klimawandelszenarien	Hängt von der Lage des Gebietes ab	Bei hoher Vulnerabilität wichtige Grundlageninformation für langfristiges Umweltmanagement

7.4 Vegetation

Die Vegetation als ein Indikator für vielfältige Belastungen

Ein wichtiger Indikator für die Standortverhältnisse, die klimatischen Rahmenbedingungen und die Nutzungsintensität ist die Vegetation. Über die Naturnähe der Vegetation lassen sich auch die Lebensraumqualität für Vögel, Bodenfauna und Insekten ableiten. Die Vegetation kann zudem zur touristischen Attraktivität beitragen (Abb. 7.5). Im Hinblick auf die direkten Wirkungen ist das Thema für das frühzeitige Erkennen von Problembereichen und der Umwelthaftung entscheidend.

Eine differenzierte Vegetationsaufnahme gehört deshalb zu den wichtigsten Grundlagenerhebungen der Skigebietskartierungen und einer geplanten ökologischen Aufwertung (Abb. 7.6 und 7.7). Dies gilt umso mehr, als im Rahmen von Skigebietsuntersuchungen in Deutschland (Pröbstl 2001; Bayerisches Landesamt für Umwelt 2006) sowie im Rahmen von Konzepten zur ökologischen

Abb. 7.5 Die Vegetation in vielen Skigebieten ist artenreich und enthält häufig auch seltene Arten (Aufnahmen aus dem Skigebiet Lech/Zürs am Arlberg). (Foto: Rüdiger Urban; Astrid Hanak 2012)

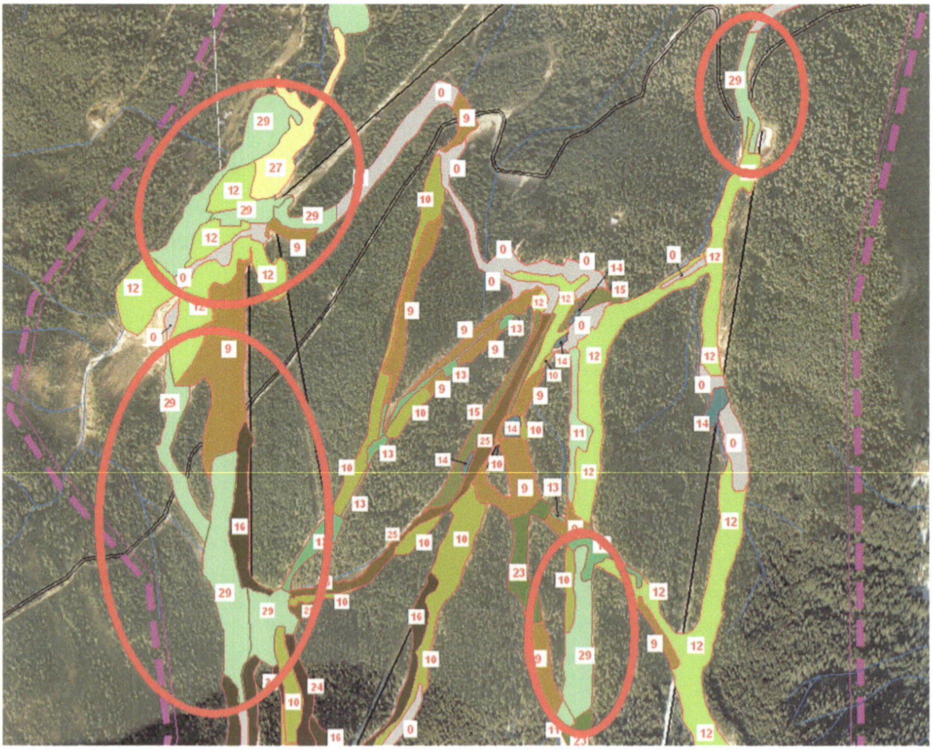

Abb. 7.6 Vegetationsaufnahmen zeigen die im Skigebiet Bansko erfolgten Verbesserungen durch Pistenbegrünung (= rot eingekreiste grüne Flächen). (AGL 2010)

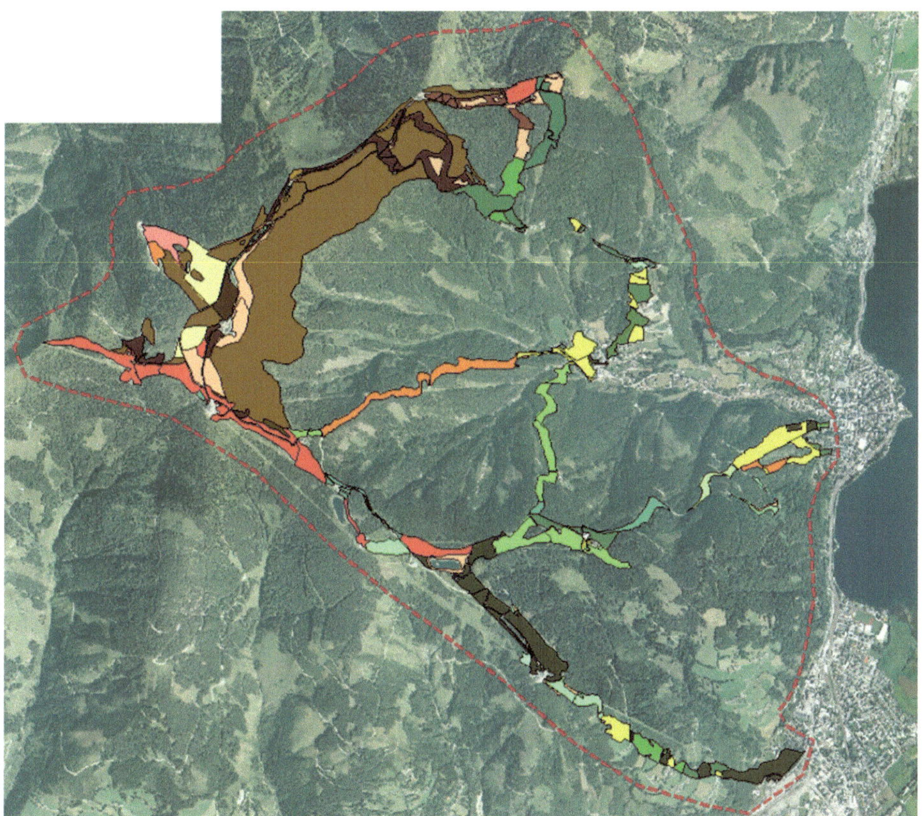

Abb. 7.7 Ausschnitt aus der Vegetationskartierung im Skigebiet Schmittenhöhe in Zell am See/Österreich. (Pröbstl-Haider und Dorsch 2013)

Aufwertung in der Schweiz, Liechtenstein und Österreich (Pröbstl et al. 2003) gezeigt werden konnte, dass die Skipisten nicht pauschal artenarmen, stark veränderten „Sportstätten" zugeordnet werden dürfen. So ist dort eine außerordentlich differenzierte Struktur aus einem kleinräumigem Wechsel von Pioniergesellschaften und hochwertigen Bereichen anzutreffen, die sich vielfach auch durch das Vorkommen seltener beziehungsweise geschützter Arten auszeichnet (Pröbstl 1990; Pröbstl et al. 2003). ◘ Abb. 7.5 zeigt das Vorkommen seltener Arten im Bereich des Skigebietes Lech/Zürs.

Die Vegetationsaufnahme besitzt deshalb eine so große Bedeutung, weil sich dadurch nicht nur Rückschlüsse auf die Naturnähe und Artenvielfalt des Lebensraumes Skipiste ableiten lassen, sondern auch die Verträglichkeit von Sommer- und Winternutzung überprüft werden kann. Die Vegetationsaufnahmen geben auch Hinweise auf die Chancen zur Selbstheilung (vgl. Baumaßnahmen) und Regeneration auf veränderten Standorten (Pröbstl 1990, 2006).

Ein wichtiger Teilbereich der Bestandsaufnahme zu diesem Schutzgut stellt auch eine Schadenskartierung dar (vgl. folgende Abschnitte). Ergänzende Datenquellen zur Vegetation und dem Schutz wertvoller Lebensräume sowie deren Bedeutung liefert ◘ Tab. 7.5.

7.4.1 Zustandsbeschreibung Vegetation

Die Beschreibung der Vegetation sollte eine Darstellung der potenziell natürlichen Vegetation mit einschließen. Hier werden die Pflanzengemeinschaften aufgeführt, die sich bei Verzicht auf die menschliche Nutzung aus heutiger Sicht dort entwickeln würden. Dies ist wichtig, um die Veränderungen durch den Einfluss des wirtschaftenden Menschen besser nachvollziehen zu können. Hierzu genügt jedoch ein grober Überblick.

Grundsätzlich zu empfehlen ist eine Geländekartierung mit Erfassung der aktuellen Vegetation, eine detaillierte Beschreibung und Bewertung hat sich bewährt (◘ Tab. 7.6 und 7.7).

Diese differenzierten Beschreibungen ermöglichten es, in der späteren Auswertung die Pflanzengemeinschaften einer Wertstufe für die Naturnähe zuzuordnen. Im Bereich der Biotopbewertungen (Ellenberg 1963; Plachter 1989;

■ **Tab. 7.5** Datenerhebung zum Schutzgut Vegetation. (verändert nach Pröbstl et al. 2003)

Vegetation			
Datenquellen und mögliche Ansprechpartner	**Basisinformation**	**Priorität**	**Begründung Bemerkung**
Naturschutzgesetzgebung der jeweiligen Länder Gesetzgebung zur Umwelthaftung Schutzgebiete Biotopkartierungen in Offenland und Wald Angaben und Karten zur potenziell natürlichen Vegetation Rote-Liste-Arten des Raums Lebensraumtypen-Kartierungen (v. a. nach FFH-Richtlinie) Landschaftsplanungen Verwendete Ansaatmischungen bei Begrünungen Florenlisten- und Atlanten Historische Gebietsbeschreibungen Fachbehörden Nichtregierungsorganisationen Befragung von örtlichen Experten	Trennung Wald – Freifläche (Latschen)	A	Entscheidende Planungsgrundlage, schwierig vielfach, Abgrenzung der Waldgrenze und Alpine Rasen/Latsche
	Charakteristische Pflanzengemeinschaften	A	Vegetation bildet alle Standortfaktoren, abiotische wie biotische und Belastungen ab
	Rote-Liste-Arten	B	Hinweise auf wertvolle Bereiche
	Geschützte Teilflächen	A	Planungsgrundlage für Sanierungskonzept
	Zielvorgabe aus anderen Planungen für Vegetation und Biotope	A	Teil der Planungsgrundlagen
	Deckungsgrad/ Schäden	A	Ansatzpunkt für Maßnahmen, Zeichen des Belastungsgrades
	Lebensraumtypen der FFH-Richtlinie	A	Beachtung der Umwelthaftung, potenzielle Biodiversitätsschäden Bei Natura-2000-Gebieten im Umfeld Umgebungsschutz beachten

User und Erz 1994) haben sich neunteilige Skalen bewährt (siehe dazu u. a. Ammer und Utschik 1990). Sie spiegeln auch dem Laien in anschaulicher Weise die Situation auf den Skipisten wider. Die neunteilige Skala kann zudem in den geografischen Informationssystemen der Unternehmen mit anderen Inhalten überlagert bzw. „verschnitten" werden (vgl. ■ Abb. 7.8 am Beispiel des Skigebiets Schmittenhöhe in Zell am See). Zu empfehlen ist ein methodischer Ansatz aus der Skigebietskartierung (Pröbstl 2001; Pröbstl et al. 2003). Dabei wird zunächst der Hemerobiegrad, d. h. die Stärke des menschlichen Einflusses, für eine erste Zuordnung der Gesellschaften verwendet.

Hinweise zur Vegetations-aufnahme und Bewertung der Vegetation

Tab. 7.6 Standardisierte Beschreibung der aktuellen Vegetation im Rahmen der Bestandskartierungen. (verändert nach Pröbstl 2001)

Name der Vegetationseinheit	Nr. in Karte
Standort: Vorkommen im Untersuchungsgebiet, Höhenlage, Exposition, weitere besondere standörtliche Rahmenbedingungen	
Beschreibung: Flächenanteil, Deckungsgrad des Pflanzenbestands, Beschreibung der Gesellschaft, Beziehung zu benachbarten Pflanzengemeinschaften	
Artenbestand: Artenliste Charakteristische Arten, dominante Arten – <u>unterstrichen</u> gedruckt; Seltene Arten (Rote-Liste-Arten) = geschützte und/oder gefährdete Arten: nach gültigen Rechtsgrundlagen – fett gedruckt	
Bedeutung/Gefährdung für den Naturhaushalt: Bedeutung (eventuell Schutzwürdigkeit, Entwicklungstendenzen), akute Gefährdungen oder Störungen, Hervorhebung seltener Arten (Rote-Liste-Arten) und FFH-relevanter Lebensraumtypen, Zuordnung der Wertstufe (zur neunteiligen Skala siehe Pröbstl 2001), Vorkommen überall geschützter Arten nach Anhang IV FFH-Richtlinie	

Tab. 7.7 Beispiel für eine Beschreibung der Skipistenvegetation des Skigebietes Schmittenhöhe in Zell am See

Geo montani-Nardetum (subalpin-alpiner Borstgrasrasen)	**13**

Standort:
Weit verbreitete Gesellschaft der Hochlagen, Einhänge aller Expositionen um die Schmittenhöhe sowie zwischen Sonnkogel, Schmiedhofalm und Sonnalm

Beschreibung:
Borstgrasrasen unterschiedlicher Ausprägungen; beweidet und unbeweidet, oft im Kontakt zu basenreicheren Weidegesellschaften oder im Umfeld von Alpenrosenheiden; von Borstgras dominiert; artenreiche, wertgebende, naturnahe Bestände; in einer Senke an der Bergstation Bruckberglift Vorhandensein eines Bestands mit viel roten Habichtskräutern

Artenbestand:
Grasartige: *Nardus stricta, Festuca rubra* agg., *F. nigrescens, Luzula luzuloides* ssp. *rubella, Anthoxanthum alpinum, Luzula alpina, Juncus trifidus* ssp. *trifidus, Festuca rupicaprina,* ***Trichophorum cespitosum,*** *Luzula sieberi, Luzula multiflora, Luzula cf. sudetica, Calamagrostis villosa, Carex pilulifera, Deschampsia flexuosa, Phleum rhaeticum*
Gehölze und Krautige: *Vaccinium myrtillus, Leontodon hispidus, L. helveticus, Homogyne alpina, Campanula barbata, Phyteuma betonicifolium, Crepis conycifolia, Hieracium auricula,* ***Arnica montana,*** *Potentilla aurea, Juniperus sibirica,* ***Vaccinium uliginosum,*** *Vaccinium vitis- idea, Hieracium alpinum, H. lachenalii, H. lactucella,* ***H. stoloniflorum,*** *H. aurantiacum, H, pilosella, H. laevicaule, H. intybaceum, Sedum alpestre, Phyteuma hemisphaericum, Veronica bellidioides, Melampyrum sylvaticum,* ***Gentiana acaulis,*** *Veratrum album,* ***Gentiana punctata,*** *Gnaphalium supinum, Cardamine resedifolia,* ***Alchemilla alpina,*** *Veronica officinalis, Prunella vulgaris, Achillea millefolium, Veronica chamaedrys, Ranunculus acris, Thymus pulegioides, Chaerophyllum villarsii, Lotus corniculatus,* ***Platanthera chloranta,*** *Calluna vulgaris, Blechnum spicant, Ajuga pyramidalis, Potentilla erecta, Thelypteris limbosperma, Pteridium aquilinum, Plantago lanceolata, Hypericum maculatum, Silene rupestris, Silene vulgaris,* ***Dactylorhiza maculata,*** *Hieracium aurantiacum* agg., *Rumex acetosella, Cirsium palustre, Trifolium pratense, Chrysanthemum leucanthemum*

Bedeutung/Gefährdung für den Naturhaushalt:
- Minimale Pistenraupenschäden, bieten konkurrenzschwachen Arten einen Lebensraum
- Bei Schmiedhofalm größere Schäden (Abschurf) an der Hangkante, hier viel *Potentilla aurea*
- Seltene, geschützte Arten: *Trichophorum cespitosum, Dactylorhiza maculata, Platanthera chlorantha, Gentiana punctata, Gentiana acaulis, Hieracium stoloniflorum, Arnica montana, Vaccinium uliginosum, Alchemilla alpina*
- LRT 6230
- Wertigkeit 8

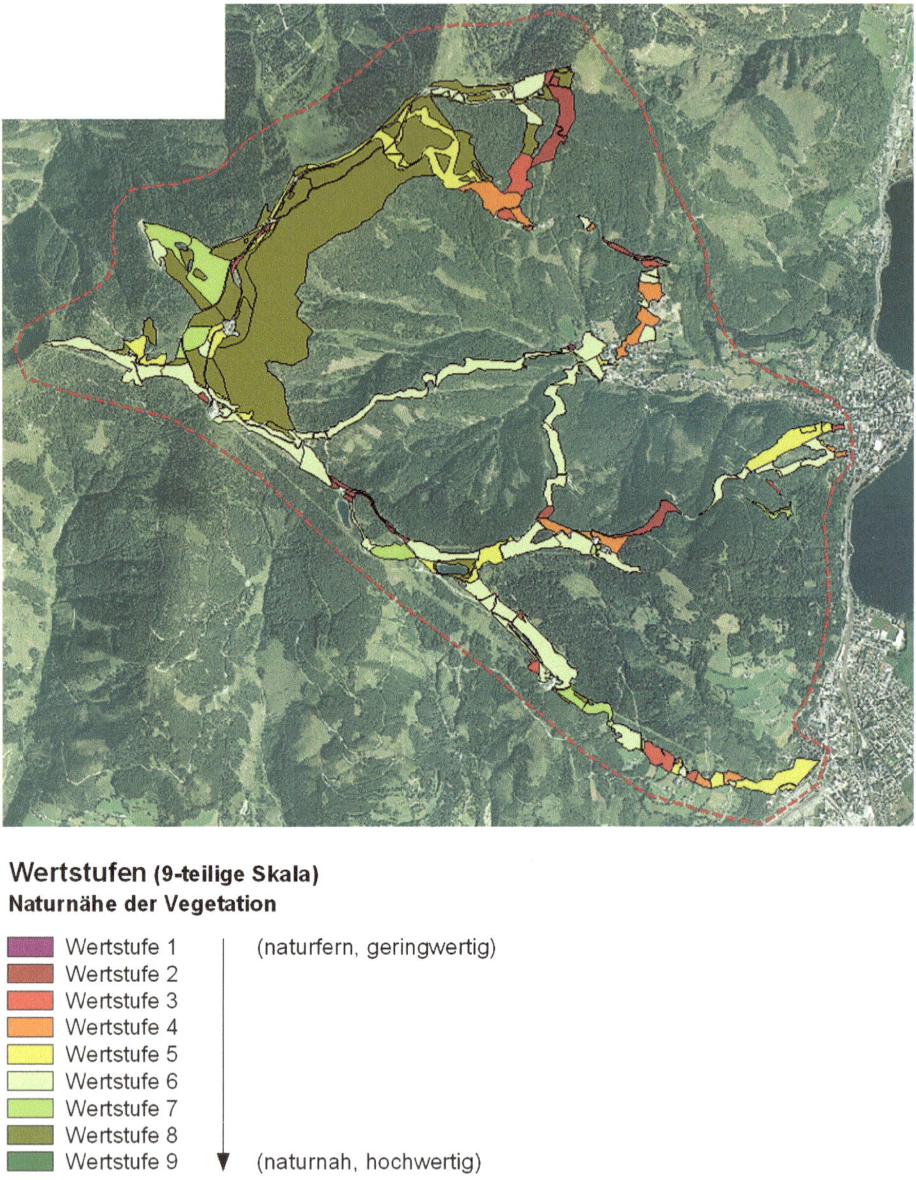

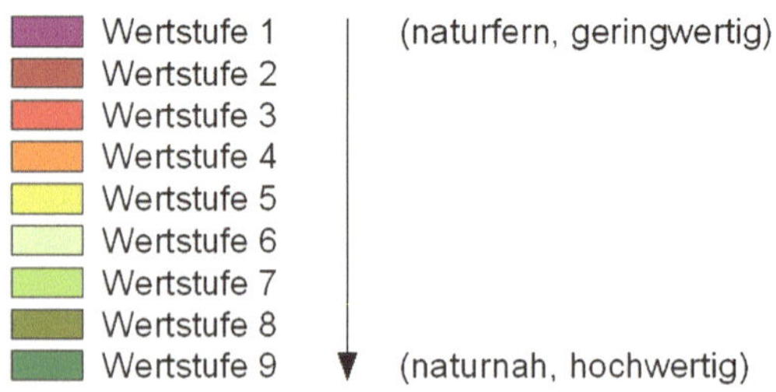

Abb. 7.8 Naturnähe der Vegetation im Skigebiet Schmittenhöhe in Zell am See/Österreich. (Pröbstl-Haider und Dorsch 2013)

In Anlehnung an vergleichbare Bewertungsansätze lassen sich fünf Hauptgruppen bilden:

- natürliche Gesellschaften, weitgehend unbeeinflusst (ahemerob),
- Ersatzgesellschaften, weitgehend naturnah (oligohemerob) mit relativ geringfügigen Beeinträchtigungen,
- Ersatzgesellschaften, mäßig naturfern (mesohemerob) mit mäßiger Beeinflussung durch die menschliche Nutzung,
- Ersatzgesellschaften, mäßig naturfern (euhemerob) mit starker Beeinflussung durch die menschliche Nutzung,
- gestörte Ersatz- und Pioniergesellschaften, naturfern oder künstlich (euhemerob mit starker Störung/Beeinträchtigung durch Standortveränderungen).

Neben dem Hemerobiegrad, der sich aus den Artenlisten ableitet, müssen jedoch weitere Kriterien in eine Bewertung mit einbezogen werden, die geeignet sind, der jeweiligen Ausprägung vor Ort gerecht zu werden. Unterschiede wie ein „alpiner Rasen" und „ein alpiner Rasen mit Nährstoffzeigern um eine Almhütte" sollten ebenso dargestellt werden, wie eine Kammgraswiese, die überdurchschnittlich viele Arten aufweist.

Dabei wurden zur weiteren Differenzierung die nachstehend beschriebenen Parameter herangezogen. Eine Aufwertung erfolgte bei

- Ansaaten, die Entwicklungstendenzen zu höherwertigen Gesellschaften aufweisen,
- intensiv genutzten Gesellschaften mit Vorkommen seltener Arten,
- mesohemeroben Gesellschaften in Komplex mit höherwertigen Gesellschaften.

Abwertungen sind vorgesehen bei

- Degradation unterschiedlicher Ursache,
- Nährstoffeintrag in naturnahe Gesellschaften,
- Schäden durch Baumaßnahmen,
- flächigen Weideschäden oder Beeinträchtigungen in naturnahen Gesellschaften,
- geringem Deckungsgrad.

Den fünf Hemerobiegruppen lassen sich innerhalb der neunteiligen Skala folgende Werte zuordnen, die entsprechend den speziellen Verhältnissen vor Ort durch Auf- bzw. Abwertungen nach den oben genannten Kriterien angepasst werden können (◘ Tab. 7.8 und 7.9).

Die Flächengröße beziehungsweise der Flächenverbund der Gesellschaft wird in die Bewertung nicht mit einbezogen.

Die differenzierte Aufnahme zur Vegetation hilft

Die Daten zur Naturnähe der Vegetation lassen sich im geografischen Informationssystem mit verschiedenen anderen Informationen verschneiden. So kann u. a. die Naturnähe der Pflanzengesellschaften auf den Skipisten nach Höhenstufen getrennt ausgewertet werden. Mit dieser Analyse werden zwei Ziele verbunden: a) die Darstellung der Vegetationstypen nach Höhenstufen und b) die Darstellung des Einflusses der Bewirtschaftung. Mit zunehmender Höhenlage verändern sich die Rahmenbedingungen für die Vegetation, z. B. die Temperatur und Länge der Vegetationszeit. Durch die eingeschränkte Befahrbarkeit und Bewirt-

◘ **Tab. 7.8** Zuordnung von Wertstufen und Hemerobiegrad. (Pröbstl 2001)

Hemerobiegrad	Wertstufen
Weitgehend unbeeinflusste Pflanzengemeinschaften	9, bei Beeinträchtigung bis 7
Weitgehend naturnahe Pflanzengemeinschaften	6 bis 8; Basiswert 7
Mäßig naturnahe Pflanzengemeinschaften	4 bis 7
Mäßig naturfern	3 bis 6
Naturferne und künstliche Pflanzengemeinschaften	1 bis 3

◘ **Tab. 7.9** Zu- und Abschläge bei der Bewertung der Naturnähe verschiedener Pflanzengemeinschaften. (Pröbstl 2001)

Zu- und Abschläge bei:	Umfang
Degradierung aufgrund von hohem Nährstoffeintrag beziehungsweise Artenarmut (je nach Stärke)	−1 oder −2
Nährstoffeintrag	−1
Extensiver Beweidung	−1
Lückiger Vegetationsdecke	−1
Schutzwürdigkeit des Biotops (z. B. Lebensräume nach der FFH-Richtlinie und geschützte Biotoptypen nach nationalem Recht)	+1
Vorkommen von Rote-Liste-Arten	+1
Vegetationseinheit im Komplex mit Gesellschaft aus höherer Wertstufe	+1

schaftungsmöglichkeit mit Maschinen ist zudem meist eine nach oben hin abnehmende Intensität der landwirtschaftlichen Nutzung festzustellen. Insgesamt stellen diese Daten eine interessante Vergleichsmöglichkeit zwischen den Verhältnissen auf der Skipiste und anderen Flächen außerhalb der Pistenbereiche dar. Dies erlaubt u. a. eine Einschätzung der natürlichen Regenerationsfähigkeit bzw. der lokalen Belastung. Diese Vergleiche haben u. a. gezeigt, dass die Belastung beschneiter und unbeschneiter Pisten in mittleren und tiefen Lagen sich nicht unterscheidet (Pröbstl 2006). Weiterhin spiegeln die Ergebnisse den Erfolg bei der Rekultivierung oder die Wirkung der landwirtschaftlichen Nutzung des Gebietes wider. Die vielfältigen Auswertungs- und Verwendungsmöglichkeiten einerseits und die hohe Aussagekraft für verschiedene Aspekte (Boden, Wasserhaushalt, Belastungen und Nutzungen) rechtfertigen den Aufwand für diese Erhebungen.

Neben der Erfassung der Pflanzengemeinschaften sollten auch die Bereiche erfasst werden, in denen sich die Vegetation nicht oder nicht ausreichend entwickeln kann (Bayerisches Landesamt für Umwelt 2006; Pröbstl 2001). Mögliche Ursachen dafür sind in Skigebieten: Belastungen durch Skikanten, Pistenraupen, Baumaßnahmen, Weidevieh, Wanderer, Mountainbiker, Schäden am Wald durch Freistellung, Verbissschäden durch Weidevieh oder Wild sowie Erosionsschäden.

Eine Kartierung von Schäden auf der Piste ist eine wichtige Grundlage für die Entwicklung von Maßnahmen

In der Praxis erwies es sich als unabdingbar, eine entsprechende Kartierung in den Wintermonaten (insbesondere gegen Saisonende im März) und im Sommer durchzuführen. Eine wichtige Grundlage ist dabei auch eine umfangreiche Fotodokumentation, die bei der Einstufung der Schadursachen eine wichtige Hilfe sein kann. Allerdings ist eine detaillierte Zuordnung meist nur bei punktuellen und linearen Schäden möglich. Neben diesen Schadtypen sind vielfach auch flächige Schäden erkennbar. In ▫ Tab. 7.10 ist eine mögliche, vielfach bewährte Klassifizierung von Schäden in Skigebieten dargestellt.

Die Schadenskartierung bildet auch eine wichtige Grundlage für den Bereich Boden, Erosion und Landschaftsschäden (vgl. ▶ Abschn. 7.2).

7.4.1.1 Flächige Schäden

Den „vegetationslosen Flächen“ werden die Bereiche zugeordnet, die zum Zeitpunkt der Geländeaufnahme auf großer Fläche einen Deckungsgrad von maximal 10 bis 15 % aufweisen (das heißt von Pflanzen bedeckter Boden in Prozent).

Tab. 7.10 Vorschlag für die Klassifizierung der Schäden auf der Skipiste und im Skigebiet. (Pröbstl 2001; Pröbstl et al. 2003)

Flächige Schäden auf Freiflächen	Punktuelle und lineare Schäden auf Freiflächen in drei Stufen	Schäden an Wald und Latschenfeldern in drei Stufen
Über 25 m^2 große Flächen	Bis 5 m^2 große Flächen Bis 15 m^2 große Flächen Bis 25 m^2 große Flächen	Bis 5 m^2 große Flächen Bis 15 m^2 große Flächen Bis 25 m^2 große Flächen
Vegetationslose Flächen Schütter bewachsene Flächen (= Deckungsgrad der Vegetation zwischen 15–50 %) Sonstige flächige Erosionen (z. B. Lawinenschäden, Überschüttung etc.)	Schäden durch: - Sommertourismus - Pistenraupen - Bau- und Betriebsfahrzeuge - Skikanten - Viehtritt/Narbenversatz - Wassererosion - Lawinensprengung - Lawinen- und Schneegleitprozesses	Waldschäden durch fehlenden Trauf/Waldmantel Windwurf Windbruch/Schneebruch Schäden durch forstwirtschaftliche Nutzung Wildschäden Waldschäden durch Weidevieh (Verbiss, Wurzelraum, Stamm)

7

„Schütter bewachsene Flächen" sind definiert als die Bereiche, deren Deckungsgrad über 15 % bis maximal 50 % liegt. In diesem Zusammenhang spielt der Aufnahmezeitpunkt eine wichtige Rolle. Die Einschätzung erfolgte nicht unmittelbar nach dem Winter im zeitigen Frühjahr, sondern im Sommer (Juli/August). Damit hat die Vegetation Zeit, Lücken zu schließen, und es lässt sich die natürliche Regenerationsfähigkeit des Standortes ablesen. Für die Schadenskartierung im Sommer spricht außerdem, dass zu diesem Zeitpunkt bereits Belastungen der Sommernutzung wie z. B. Schäden durch Weideviehbetrieb oder durch den Sommertourismus wirksam werden. So können Schadbilder auch aus Nutzungsüberlagerungen erfasst werden (vgl. Abb. 7.9, 7.10 und 7.11).

Unter „sonstigen flächigen Erosionen" werden die Bereiche zusammengefasst, in denen Erosionsformen wie Hanganrisse, Blaiken oder Rutschungen auf großer Fläche vorliegen. Diese sind zumeist auf natürliche Ursachen (geologisch labiler Untergrund, übersteiler Hang etc.) zurückzuführen oder Folgen von Nutzungsüberlagerungen bzw. baulichen Veränderungen.

Die betroffenen Bereiche werden idealerweise jeweils im Plan im Maßstab 1:5000 bei den Felderhebungen abgegrenzt (Pröbstl et al. 2003).

Abb. 7.9 Schäden im Zusammenhang mit der Beweidung. (Foto: Ulrike Pröbstl-Haider)

Abb. 7.10 Schäden im Zusammenhang mit der Mulchmahd. (Foto: Ulrike Pröbstl-Haider)

Abb. 7.11 Schäden im Zusammenhang mit dem Skibetrieb (charakteristische Pistenraupenspuren). (Foto: Ulrike Pröbstl-Haider)

7.4.1.2 Punktuelle Schäden

Im Gegensatz zu den flächigen Schäden, die meist auf mehrere Schadursachen (Planieeingriffe, Skikantenschliff, Weidenutzung, labile Standorte) zurückzuführen sind, können bei den linearen und punktuellen Schäden in der Regel die Ursachen angegeben werden. Bei den punktuellen Schäden erfolgt nicht nur eine Differenzierung nach Schadursachen, sondern auch nach dem Umfang der Schäden.

Unter dem Begriff „Schäden" werden in diesem Zusammenhang sehr unterschiedliche Störungen des Naturhaushaltes zusammengefasst. Die meisten Schäden sind durch einen stark reduzierten Deckungsgrad der Vegetation (Grad der Bodenbedeckung liegt unter 75 %) oftmals im Verbund mit kleinen Bodenwunden gekennzeichnet. Dies gilt z. B. für Skikantenschliff, Weideschäden oder Belastungen durch Wanderer abseits der Wege.

Bei den Schäden am Wald werden sehr heterogene Beeinträchtigungen erfasst. Schäden durch Sonnenbrand am Waldrand oder Windbruch können z. B. im Zusammenhang mit dem Skisport und dem Pistenbau stehen. Andere, wie die Verbissschäden durch Wild oder Weidevieh, geben dagegen Hinweise auf mögliche zusätzliche Belastungen, die Einfluss auf die Stabilität der für die Skipisten und den Naturhaushalt wichtigen Waldbestände haben können. Im Gegensatz zu den flächigen Schäden stellen vor allem die kleinen punktuellen Schäden noch keine nachhaltige

Störung dar. Allerdings zeigten Untersuchungen aus bayerischen Skigebieten (Pröbstl 2001), dass gerade die differenzierte Erfassung der punktuellen Schäden eine besondere Indikatorfunktion besitzt, die es erlaubt, gezielte Sanierungsvorschläge zu erarbeiten und die Belastungsursachen auch flächiger Schäden besser einschätzen zu können.

Bei der Kartierung handelt es sich um eine Momentaufnahme der punktuellen Schäden, die bei gezielten Sanierungs- oder Schutzmaßnahmen meist in wenigen Jahren beseitigt werden können.

Bei der Analyse der Schäden im Skigebiet sollte dargestellt werden, welche Schadtypen und Flächenanteile überwiegen. Diese Daten lassen sich dann den Ergebnissen auf der Skipiste gegenüberstellen. Die Flächenermittlung erfolgt über damit verbundene Datenbanken, in denen die Schadgröße entsprechend der Klassifikation (punktuelle Schäden) oder die örtliche Abgrenzung (flächige Schäden) enthalten sind.

Aufbauend auf die Schadenskartierung (◘ Abb. 7.12) können Maßnahmen geplant werden. Ihre Wirksamkeit lässt sich ebenfalls in einem Umweltmanagementsystem, z. B. durch den Vergleich von Vegetationsaufnahmen aus verschiedenen Jahren, dokumentieren.

Die Kartierung von Schäden im Gebiet sollte regelmäßig erfolgen

Die Auswertung nach Höhenstufen (◘ Abb. 7.13) zeigt, dass mit steigender Höhe die Schadflächen zunehmen. Dies ist ein wichtiges Signal, das Handlungsbedarf anzeigt, da die natürliche Regenerationsfähigkeit der Vegetation mit der Höhe abnimmt. Hier sind aktive Maßnahmen erforderlich.

Im Hinblick auf die ökologische Qualität können Verbesserungen auf den Skipisten und in den angrenzenden Wäldern durch folgende Maßnahmen erreicht werden:

- Wiederbegrünung von Flächen, Baustraßen oder Wegen, die nicht mehr benötigt werden,
- Kontrolle und Bekämpfung von fremdländischen invasiven Arten durch Mahd und anschließendes Entfernen des Schnittguts,
- Überprüfung der Düngung und Verzicht soweit möglich,
- Implementierung einer möglichst extensiven Pflege durch Mahd oder Beweidung und Verzicht auf Mulchmahd,
- (temporärer) Schutz von wertvollen Biotopflächen durch Umzäunung,
- Besucherlenkung in Bereichen mit empfindlicher Vegetation und Erosionsgefahr,
- Beschränkung von Fahrbewegungen in empfindlichen Pistenabschnitten oder auf geschädigten Teilflächen,
- Wiederbegrünung von geschädigten Flächen durch Ansaat oder Bodenverpflanzung,

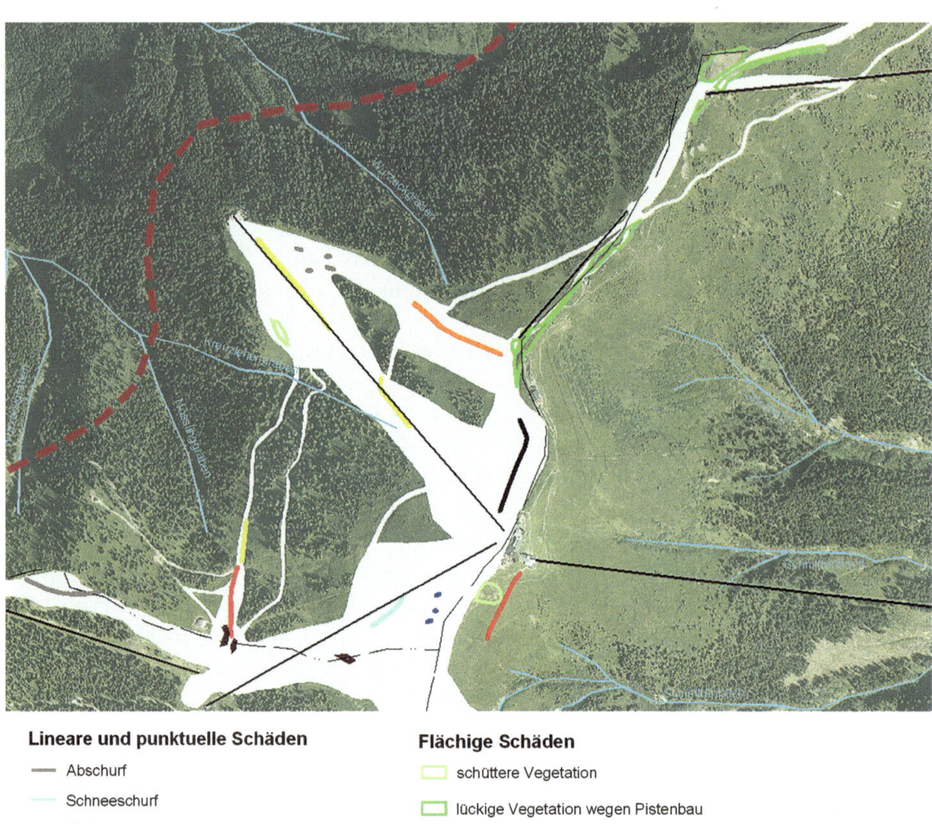

Abb. 7.12 Räumliche Zuordnung der linearen, punktuellen und flächigen Vegetationsschäden; hellblau = Pistenflächen. (Pröbstl-Haider und Dorsch 2013)

- Erhalten von Biotopbäumen (haben eine wichtige Lebensraumfunktion, z. B. alte Bäume mit Höhlen) unter Beachtung der Sicherungspflicht,
- Verbesserung der Information zur Entstehung und den Folgen von Waldbränden für die Öffentlichkeit (z. B. durch Beschilderung, im Internet oder in Form mündlicher Mitteilungen) und im Bereich der Mitarbeiterschulung,
- Verbesserung der Kooperation mit der lokalen Landwirtschaft, um eine Nutzung des Schnittguts zu gewährleisten,
- Überprüfung des Gehölzbestands zur ökologischen Einbindung und Verbesserung von Parkplatzflächen und Gebäuden.

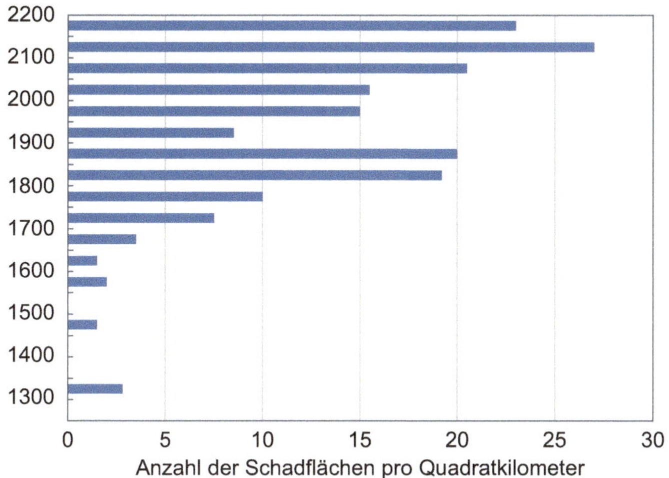

Abb. 7.13 Verteilung der Schadflächen auf die Höhenstufen im Untersuchungsgebiet Adelboden. (Pröbstl et al. 2003)

7.5 Fauna

Im Zusammenhang mit den möglichen Auswirkungen des Wintersportes sind in Skigebieten vor allem die Arten zu betrachten, die potenziell erheblich beeinträchtigt werden können und die artenschutzrechtlich (z. B. nach europäischem Recht oder national) geschützt sind. Regelmäßig zu betrachten sind Vogelarten, insbesondere winteraktive Arten (Abb. 7.14) (Zeitler 2001). Weiterhin können bei Gewässern oder Feuchtgebieten auch Amphibien einer besonderen Berücksichtigung bedürfen. Im Rahmen des Umweltmanagements sind die Lebensräume der Arten der FFH- und Vogelschutzrichtlinie zu prüfen. Anhang 1 enthält eine Liste zu schützender Arten des Alpenraumes.

Als Informationsbasis dienen Angaben von örtlichen Experten, Fachbehörden (Naturschutz- und Forstbehörde), die Auswertung von amtlichen Unterlagen (z. B. Arten- und Biotopschutzprogramme) und eigene Beobachtungen oder spezielle Kartierungen (Tab. 7.11). Nachdem gesonderte Erhebungen mit einem erhöhten Aufwand verbunden sind, sollten diese von der Erheblichkeit der möglichen Auswirkungen und der Relevanz der Raumnutzung für die Art abhängig gemacht werden. Vielfach sind Angaben durch örtliche Experten und die Analyse bestehender Kartierungen und Lebensraumanalysen ausreichend.

Abb. 7.14 Einheimische Vögel sollten in die Prüfung mit einbezogen werden. Besondere Relevanz im Gebirgsraum haben Rauhfußhühner wie das Auerwild. (Foto: Frank Armbruster)

Tab. 7.11 Datenerhebung zum Schutzgut Fauna. (verändert nach Pröbstl et al. 2003)

Fauna			
Datenquellen und mögliche Ansprechpartner	**Basisinformation**	**Priorität**	**Begründung Bemerkung**
Naturschutzgesetz der jeweiligen Länder ggf. sonstige Gesetze Schutzgebietsausweisungen Verbreitungskarten Schutzgebiete und Beschreibungen (einschließlich Biotopschutzwald) Rote-Liste-Arten des Raums Landschaftsplanungen und andere überörtliche Planungen Bestehende Kartierungen Befragung von örtlichen Experten im Bereich Forst, Jagd und Naturschutz	Verbreitungsgebiete (geschützter) Wildtierarten	A	Grundlage für die Ermittlung von Konfliktpotenzialen und Aufwertungsmaßnahmen
	Wildschutzgebiete	A	
	Verbreitungsgebiete geschützter Vogelarten (Balzplätze)	A	
	Habitatstrukturen (Wald/Freiflächen)	B	Verbesserung des Lebensraumpotenzials durch Veränderung der Nutzung im Rahmen von Aufwertungsmaßnahmen
	Lawinensprengbahn	B	Einfluss auf Wildtiere möglich

Je nach den konkreten Voraussetzungen sind vor allem folgende Vogelgruppen zu prüfen:

- Arten des Waldrandes, wenn die Pisten und Anlagen durch den Wald verlaufen (Winter-Standvögel),
- tagaktive Höhlenbrüter (vor allem Spechte), wenn die Pisten und Anlagen durch den Wald verlaufen oder in Waldnähe liegen,
- Rauhfußhühner im Wald und oberhalb der Waldgrenze,
- Eulen und Greifvögel, wenn Pisten und Anlagen durch den Wald verlaufen und nachts beschneit wird.

Lebensräume geschützter Arten sind zu prüfen

Um den Aufwand für die Feldaufnahmen zu minimieren, sind die möglichen Lebensräume der im Gebiet vorkommenden Vogelarten vor den Kartiergängen zu bezeichnen. In aller Regel können lokale Experten (z. B. Förster, Vogelkundler, Mitarbeiter des Unternehmens) ausreichend genaue Angaben machen, damit das Untersuchungsgebiet für die Feldaufnahmen eingegrenzt werden kann. Weiterhin ist zu prüfen, ob nicht Daten aus UVP- oder anderen Genehmigungsverfahren herangezogen werden können.

In der Regel reichen zwei bis drei Begehungen aus, um die näher zu kartierenden Arten und deren Aktionsräume in einer Qualität zu bestimmen, auf deren Grundlage die Ziele und Maßnahmen festgelegt werden können (Renat 2000).

Wie ◻ Tab. 7.11 zeigt, können die Angaben zu Tieren als Grundlage für die Ableitung konkreter Maßnahmen dienen. Im Falle der Rauhfußhühner (Auerhuhn, Birkhuhn, Schneehuhn, Haselhuhn) bestehen gelegentlich Konflikte mit den Ski-Anlagen (z. B. Kabel von Schleppliften). Hier können Verbesserungen geplant werden. Im Hinblick auf das Kollisionsrisiko von Vögeln sind die verschiedenen Drahtseilstärken von unterschiedlicher Relevanz. Bei Seilstärken von 5 bis 15 mm ist eine Kollisionsvermeidung nicht bzw. nur bei kleinen bis mittelgroßen Vogelarten möglich. Bei Seilstärken zwischen 15 und 35 mm ist eine Vermeidung von Kollisionen durch Farbgebung oder Verstärkung des Seils möglich. Bei Seilstärken über 35 mm ist das Kollisionsrisiko geringer und beschränkt sich vor allem auf Dämmerungszeiten oder eingeschränkte Sichtbedingungen durch Nebel.

Die Lage, Vegetation, der Geländeverlauf und der Trassenverlauf spielen darüber hinaus eine Rolle. Gefahrenquellen sind Trassen im Bereich von Nahrungsplätzen, bevorzugten Ruheräumen oder Fluchträume (Zeitler 2014).

Empfehlungen verschiedener Seilbahnbetreiber zeigen, dass Maßnahmen zur Vergrößerung der Seile und bessere Sichtbarkeit durch Farbgebung erfolgreich sind. Empfohlen wird eine Ummantelung der Seile durch ein flexibles Elektroinstallationsrohr aus PVC (32 mm, eingeschlitzt, 50 m Länge pro Teilstück). Ein Eisanhang konnte durch die Rüttelung nicht beobachtet werden (Manhart 2014). Weiterhin empfohlen werden kann die Sichtbarmachung durch Verbindung mit einem blauen Seil, da diese Farbe auch im Wald von Vögeln gut wahrgenommen werden kann.

Ob die für Freileitungen angebotenen Vogelschutzmarkierungen, z. B. schwarze und weiße Spiralpaare, ebenfalls sinnvoll eingesetzt werden können, wurde bislang nicht näher untersucht. Die Abstände müssen zur Wirksamkeit allerdings gering sein (10 m), da die Vögel nicht „interpolieren" und die Linie vervollständigen (Zeitler 2014; Kalz et al. 2015) können.

Erfahrungen aus französischen Skigebieten bestätigen die Notwendigkeit, die gefährlichen Elemente von Seilbahnen im Hinblick auf den Vogelschutz besser sichtbar zu machen. Hier wurden mit ovalen, roten Plastikkugeln entlang der Seile (◘ Abb. 7.15) ebenfalls Schutzeffekte und eine Reduktion getöteter Vögel festgestellt. Hier zeigte sich, dass vor allem das Birkwild und Schneehuhn zu den überproportional betroffenen Arten gehören und von diesen Maßnahmen besonders profitieren (Conseil général de la Savoie 2004).

Weiterhin wurden bei Managementmaßnahmen in Frankreich auch alle Zäune kritisch betrachtet. Auch hier zeigte sich Gefahrenpotenzial. Das Kollisionsrisiko konnte

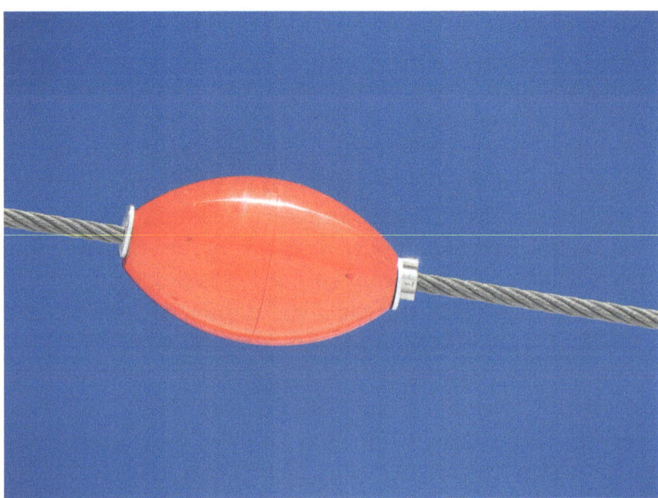

◘ **Abb. 7.15** Vogelschutz an Seilbahnen durch bessere Sichtbarmachung der Seile. (Foto: Sandrine Berthillot)

hier mit Hilfe von angehängten Metall- oder Kunststoffplättchen deutlich reduziert werden. Die in regelmäßigen Abständen eingehängten kleinen Platten erhöhen auch hier die Sichtbarkeit für die Tiere. Die Maßnahmen werden jeweils von Informationen für die Erholungssuchenden begleitet.

Zeitler (2014), der die Betroffenheit von Vögeln um Skistationen analysiert hat, kommt zu der Schlussfolgerung, dass deutliche Visualisierungen und Jalousien mit entsprechender Farbgebung (horizontal 20 cm breit und 10 cm Zwischenraum) gut geeignet sind, um Unfälle von Vögeln an Fensterscheiben zu vermeiden. Zu ähnlichen Ergebnissen und Hinweisen für effiziente Strukturierung und Gestaltung kommt auch die Vogelwarte der Schweiz (Schmid et al. 2012).

Wichtig ist in diesem Zusammenhang auch, die besonderen Verhältnisse in Skigebieten zu beachten. Während der Betriebszeiten, d. h., wenn die Skianlagen stark frequentiert werden, ist das Unfallrisiko durch auffliegende Vögel sehr gering. Ungleich größer ist das Unfallrisiko in den frühen Morgenstunden, am Abend und in der Nacht. Die Effekte können durch ungünstige Witterungsbedingungen, wie z. B. Nebel, noch verstärkt werden.

Die Erfahrungen aus Deutschland, Österreich, der Schweiz und Frankreich zeigen aber auch, dass eine gebietsspezifische Risikoabschätzung angestrebt werden sollte. Aus Sicht der Experten können die Unterschiede durch folgende Aspekte stark beeinflusst werden (Zeitler 2014):

- die topografischen Gegebenheiten, auf denen die Anlagen stehen sowie die angrenzende Vegetation bzw. Habitatqualität, die Höhenlagen und vorkommenden Vogelarten im Gebiet über den gesamten Verlauf der Aufstiegshilfe und die Gebäudestandorte,
- die Verteilung der bevorzugten Habitatstrukturen im jeweiligen Gebiet und damit zusammenhängend,
- die Wirkungen von Sonne und Schatten im Tages- und Jahresverlauf auf die Seile und Gebäude (Blendungen und dunkle Schattenpartien) sowie der jahreszeitlich unterschiedliche Einstrahlwinkel,
- Exposition und Materialwahl bei den Gebäuden (insbesondere Glas),
- die Nahrungsräume der jeweiligen Vogelarten und deren Ruheräume,
- die tageszeitlichen Aktivitätsschwerpunkte der vorkommenden Vogelarten,
- die Ruheräume und die Fluchtverläufe bzw. Fluchträume nach Störungen durch jagende Wildtiere oder Menschen.

Diese Faktoren tragen zu einem sehr unterschiedlichen Unfallrisiko bei.

Neben dem Kollisionsrisiko an Drahtseilen spielt im Zusammenhang mit Seilbahnunternehmungen auch die Verwendung von Glas an Gebäuden eine wichtige Rolle. Hier bieten sich zahlreiche Gestaltungsmöglichkeiten an (Zeitler 2014), die eine vogelfreundliche Verwendung von Glas erlauben. Hierzu zählt die Neigung des Glases, um Spiegeleffekte zu vermeiden, Farbgestaltung und Strukturierung des Glases. Weitere Vermeidungsmaßnahmen könnten durch Jalousien erreicht werden, da dadurch auch das Unfallrisiko bei schlechter Sicht, z. B. Dämmerung und Nebel, reduziert werden könnte.

Wie eingangs erwähnt, sollten neben den Vogelarten weitere Tierarten in die Prüfung aufgenommen werden. Hierzu gehören insbesondere Arten nach Anhang IV der FFH-Richtlinie. In der Praxis sind dies vor allem die verschiedenen einheimischen Fledermausarten, welche z. B. beim Umbau von Gebäuden oder bei Eingriffen in den Baumbestand relevant sind. Durch entsprechende Gestaltung kann auch zu Verbesserungen der Habitatstruktur für Fledermäuse beigetragen werden.

Im Skigebiet Schmittenhöhe gehörten zu den zu beachtenden Arten nach Anhang IV FFH-Richtlinie zahlreiche geschützte Amphibien und Reptilien, deren Lebensräume beim Management speziell beachtet wurden. Die Hinweise konnten einem abgeschlossenen Gutachten zu einem UVP-Verfahren entnommen werden.

Weitere mögliche Maßnahmen zum Schutz von Wildtieren könnten folgende Bereiche betreffen:

- Ergänzung von Biotopflächen im Bereich von Gewässern für die Beschneiung,
- Berücksichtigung der Belange von Wildtieren bei der Planung von Baumaßnahmen, Events im Sommer und Sportgroßveranstaltungen,
- Berücksichtigung der Durchgängigkeit des Geländes bei der Planung und Erhaltung von Fang- und Schutzzäunen,
- Verbesserung von Habitatstrukturen in beruhigten Bereichen.

7.6 Wasser

Bei der Erfassung der hydrologischen Verhältnisse sollte erhoben werden, in welchen Einzugsbereichen verschiedener Grabensysteme, Bergbäche und Vorfluter das Gebiet liegt. Erfasst werden sollten darüber hinaus auch die Wasserschutzgebiete,

Quellfassungen, örtliche Wasserrechte und Nutzungsvereinbarungen. In diesem Zusammenhang ist auch die Wasserentnahme für eine Beschneiung zu behandeln (■ Tab. 7.12). Dazu gehören die Art und Menge der Wasserentnahme, die Abgrenzung beschneiter Flächen, die Menge des für die Beschneiung verwendeten Wassers und Informationen über die durchschnittlichen Beschneiungszeiträume. Wasserausleitungen aus der Piste, insbesondere, wenn diese planiert wurde und regelmäßig beschneit wird, sind besonders zu untersuchen. Sie können Ansatzpunkte für Erosionserscheinungen darstellen.

Da der Klimawandel Auswirkungen auf den lokalen Wasserhaushalt haben kann (Böhm et al. 2008; Blaschke et al. 2011; ÖWAV 2014), kommt dem Monitoring von Gewässern in Skigebieten eine besondere Bedeutung zu. Die Winterniederschläge sind seit den 1970er-Jahren nördlich des

■ **Tab. 7.12** Datenerhebung zum Schutzgut Wasser. (verändert nach Pröbstl et al. 2003)

Wasser			
Datenquellen und mögliche Ansprechpartner	**Basisinformation**	**Priorität**	**Begründung Bemerkung**
Kartografische Darstellung von Gewässern Darstellung von Wasserschutzgebieten Behörden der Wasserwirtschaft Seilbahnbetreiber Genehmigungsbescheide zur Wasserentnahme bzw. zum Verlauf von Leitungstrassen Kataster zu Quellen und Quellfassungen Verzeichnis von Trinkwasserfassungen bei Gemeinden	Fließgewässer	A	Wechselwirkungen mit Wasserausleitung bzw. Wasserhaushalt der Piste häufig vorhanden, Bedeutung für Erosions- und Murenbildung, Beachtung von Retentionsräumen
	Stehende Gewässer	B	Möglicher wertvoller Lebensraum insbesondere in Verbindung mit Quellsümpfen
	Wasserschutzgebiete (Trinkwasserfassungen)	C	Wertvolles Potenzial Zu schützende Ressource
	Einzugsgebiete	A	Grundlage für die Ermittlung der Auswirkungen von Pistenpräparierung und zusätzlichem Wasser auf die Beschneiung
	Wasser für Beschneiung	A	Rahmengröße für den Skibetrieb und mögliche Belastung des Naturhaushaltes

Alpenhauptkamms etwas gestiegen, südlich des Alpenhauptkamms jedoch deutlich gefallen (ÖWAV 2014). Damit ist auch vermehrt mit Winterhochwässern zu rechnen. Weiterhin ist ein verändertes Abflussverhalten rund um Gewässer zu erwarten. Bei der Befüllung von Speicherseen sind vor allem in den Südalpen häufigere Niederwassersituationen zu berücksichtigen.

Dies gilt umso mehr, als in Skigebieten, insbesondere bei Betrieb von Beschneiungsanlagen, die Belange des Schutzgutes Wasser differenziert betrachtet werden müssen. Entsprechende Regelungen dazu sind auch in den Genehmigungsunterlagen enthalten. Hierzu ist eine Dauerüberwachung (Monitoring) eine wichtige Grundlage, die dann auch im Rahmen der Auditierung ausgewertet werden kann. Wichtige Inhalte sind, ob und inwieweit

- Wasser in ausreichender Menge in entsprechender Qualität zur Verfügung steht,
- gewährleistet ist, dass benachbarte Gewässer, Wasserfassungen bzw. Entnahmerechte oder Quellbereiche unbeeinträchtigt bleiben,
- Einbauten in das Gewässer es erlauben, mögliche Hochwässer gefahrlos abzuführen,
- die Durchgängigkeit für wassergebundene Lebewesen bzw. die Lebensraumqualität beachtet wird,
- die zulässigen Entnahmemengen eingehalten werden.

Hier empfiehlt es sich, dass das Unternehmen über eigene lokale Messreihen verfügt. Dabei sind insbesondere die folgenden Parameter wichtig: Quellschüttung, Durchfluss (HQ, MQ, NQ) sowie Qualitätsparameter.

Bei der Planung von Messanlagen sollten die Standorte so ausgewählt werden, dass die Lage behördlicher Messeinrichtungen mit beachtet wird. Dadurch können die eigenen Messungen in öffentliche Messreihen integriert werden und weiterreichende Interpretationen erfolgen.

Ansatzpunkte für das Umweltmanagement und entsprechende Verbesserungen sind hier

- die Implementierung effizienter Schneeerzeuger und eines differenzierten Managementsystems,
- die Anlage von Speicherseen, um natürliche oder naturnahe Gewässer zu entlasten,
- Verwendung von Schneemessung mit GPS zum Einsparen von technischem Schnee,

- Verwendung von computergesteuerten Beschneiungsanlagen zur Optimierung der Schneequalität und des Wasserbedarfs,
- Einbau von wassersparender Infrastruktur, u. a. in Toilettenanlagen und im Bereich der gastronomischen Anlagen,
- die Vermeidung von gärtnerisch gestalteten Bereichen, die bewässert werden müssen,
- Verbesserung und Überwachung von Abwasseranlagen bzw. -systemen,
- die Schulung von Mitarbeitern im Bereich Schneemanagement,
- die Schulung von Mitarbeitern zum Wasserverbrauch und zu Wassereinsparungsmöglichkeiten in Gebäuden.

7.7 Immissionen (Lärm/Licht)

Durch den Skibetrieb, die Durchführung von Wettkämpfen und die in vielen Fällen durchgeführte Beschneiung können Probleme durch Lärmentwicklung entstehen. Zusätzlich ist durch Pistenpräparation, An- und Abtransport, z. B. für Waren- oder Energiestofflieferungen, sowie durch die Anreise der Erholungssuchenden selbst mit einem erhöhten Verkehrsaufkommen und damit mit verlärmten Bereichen zu rechnen.

In der Regel sind diese Aspekte im Genehmigungsbescheid für die Anlage geregelt, könnten aber relevant werden, wenn Anlagen oder Betriebssysteme ausgetauscht oder ersetzt werden.

Die besonders relevante Lärmbelastung durch Schneeerzeuger kann in den Grundlagenkarten visualisiert werden und betroffene oder kritische Bereiche können frühzeitig erkannt werden. Gesetzlichen Schutz genießen die Wohnbevölkerung, aber auch touristische Betriebe im Umfeld.

Neben der Beschneiung kann auch der Betrieb von Anlagen für den Nachtskilauf zu Belastungen und Konflikten durch flächige Ausleuchtung führen. Hier sind die möglichen Effekte im Einzelfall je nach Abdeckung durch Wald, Baumbestand, Topografie und Bebauung sehr unterschiedlich. Daher wird hier auf allgemeine Empfehlungen verzichtet.

Datenquellen zum Thema Immissionen in Skigebieten werden in ◘ Tab. 7.13 angeführt.

Tab. 7.13 Datenerhebung zum Schutzgut Mensch (Immissionen)

Mensch (Immissionen)			
Datenquellen und mögliche Ansprechpartner	Basisinformation	Priorität	Begründung Bemerkung
Straßenbaubehörden/-verwaltung Immissionsschutz in der regionalen Verwaltung Kartendarstellung mit Schneeerzeugern Verkehrskonzept und Anlieferungslogistik Kartendarstellung ausgeleuchteter Bereiche	Belastung angrenzender Straßen (Vorbelastung)	B	Wichtige Daten für Summenwirkungen, z. B. bei Beschneiung und für indirekte Auswirkungen durch den Verkehr
	Lage der Schneeerzeuger und Ableitung eines Verlärmungsbandes	A	Schutz von Wohnbebauung und Tourismusbetrieben
	Unternehmensinduzierte Belastung durch Verkehrslärm	B	Wichtige Grundlage für die induzierten Auswirkungen, die ebenfalls Maßnahmen erfordern
	Belastung durch Ausleuchtung bei Nacht	C	Potenzielle Beeinträchtigung von Wohngebieten

7.8 Abfälle

Innerhalb des Unternehmens sind die verschiedenen Kreisläufe und die Entstehung von Abfall zu betrachten. Hierzu gehören

- Abfälle durch die Besucher wie Essensreste, Verpackungen usw., aber auch zerbrochene Skibrillen, Teile von Sportgeräten oder verlorene Kleidungsstücke,
- Abfälle durch den Betrieb der Anlagen, insbesondere des Fuhrparks,
- Abfälle durch den Betrieb von Gaststätten und zugeordneter Infrastruktur, wie Skiverleih oder Sportartikelverkauf.

Für die verschiedenen Bereiche sind die entsprechenden Abfallarten getrennt zu erfassen. Hinweise dazu gibt Tab. 7.14. Tab. 7.15 zeigt hierzu ein Beispiel aus der Praxis.

Ansatzpunkte für Verbesserungen im Unternehmen bestehen durch

- eine Umstellung auf einen hohen Anteil recycelbarer Produkte,
- eine Umstellung auf Groß- oder nachfüllbare Einheiten,

- eine Umstellung auf Lieferanten mit Rücknahmebereitschaft,
- Schulung von Mitarbeitern,
- Verbesserung der Hinweise an die Gäste und Überprüfung der Standorte bzw. Anlagen (teilweise erhöht der Abbau von Abfallkörben die Bereitschaft von Erholungssuchenden ihren Müll wieder mitzunehmen),
- einen weitgehenden Verzicht auf Einwegmaterialien, auch im Bereich der Gastronomie,
- eine Überprüfung und ggf. Verbesserung der Mülltrennungsanlagen sowie der Möglichkeiten zur anschließenden Verwertung.

Die Zusammenstellung erlaubt, gezielt Maßnahmen zu entwickeln, um die anfallenden Abfallmengen nachhaltig zu reduzieren.

Tab. 7.14 Datenerhebung zum Bereich Abfall

Abfall			
Datenquellen und mögliche Ansprechpartner	Basisinformation	Priorität	Begründung Bemerkung
Angaben von Entsorgungsbetrieben, z. B. Umfang von Recylingabnahme Angaben einzelner Abteilungen zu gesammelten Abfällen Angaben einzelner Unternehmensbereiche (z. B. Shop, Gastronomie)	Zusammenstellung nach Art und Menge des Abfalls sowie nach Entsorgungsauflagen bzw. Wiederverwertbarkeit	A	Mengenangaben sind erforderlich, um auf eine Reduktion hinzuwirken Art des Abfalls erlaubt Prüfung der Wiederverwendbarkeit Art des Abfalls entscheidet über Entsorgungsmöglichkeiten
	Aufstellung nach Bereichen Aufstellung nach eigenständigen Unternehmensbereichen	B	Ermöglicht die unmittelbare Zuordnung von Maßnahmen Ermöglicht Einbeziehen der Zulieferfirmen und Reduktion von Abfällen durch Art der Verpackung/Anlieferung

Tab. 7.15 Beispiel für Abfalldaten und Entsorgung. (Schmittenhöhebahn AG 2014)

Zeitraum: 01. Dez. 2009 – 31. Nov. 2010 (entspricht 1 Jahr)			
Firma	**Art des Abfalls**	**Quelle**	**Abfallmenge**
Gassner Entsorgung	Sperrmüll	Generell	0,74 t
Gassner Entsorgung	Bau- und Abbruchholz	Generell	2,42 t
Zemka	Garten-/Grünabfälle	Generell, Almhütten	51,75 m^3
Zemka	Gewerbe-/Mischabfall	Generell	20,38 t
Zemka	Altholz	Generell	0,84 t
Zemka	Alteisen	Generell	0,25 t
Zemka	Altglas	Generell	0,12 t
Zemka	Bauschutt BS1+BS3	Generell	6,96 t
AVE	Organ. Küchenabfälle	Gastronomie	19.440 l
F-S GmbH	Bauwasser	Generell	25,0 m^3
F-S GmbH	Altöl	Restaurants	2500 l
F-S GmbH	Ölhaltiger Abfall	Generell	556 kg
F-S GmbH	Öl- bzw. Fettabscheider	Restaurants	75 m^3
F-S GmbH	Frostschutz	Generell	39,0 kg
F-S GmbH	Kaltreiniger	Generell	45,5 kg
Zell am See Stadtgemeinde	Bio-Müllsäcke	Areitbahn, Gastro-Verwal-	240 l
Zell am See Stadtgemeinde	Altpapier	Areitbahn, Schmittenhöhe-	4180 l
Zell am See Stadtgemeinde	Grüne Tonne	Bürogebäude, Schmittenhö-	2080 l
Zell am See Stadtgemeinde	Restmüll-Container	Generell	212.940 l

7.9 Nutzung von Ressourcen

7.9.1 Betriebsstoffe, Materialeinsatz

Zu den in Skigebieten verwendeten Betriebsstoffen zählen im Wesentlichen Kraftstoffe, Öle, Fette (z. B. Schmiermittel für Instandhaltung), Reinigungsmittel, Lacke, Farben, Härter, Dünger (z. B. organische Düngemittel wie Biosol und Stallmist), Batterien (Akkus), Kühl- und Frostschutzmittel.

Kraftstoffverbraucher sind vor allem der Fuhrpark und die Pistengeräte sowie sonstige Fahrzeuge (z. B. Schlitten oder Baumaschinen). Um einen effizienten Materialeinsatz zu gewährleisten, sollten die Einsatzbedingungen überprüft bzw. optimiert werden. Gerade beim Treibstoffverbrauch können durch Einschränkung und Optimierung der Fahrten große Einsparungen erzielt werden. Ein effizienter Materialeinsatz sollte in der Umwelterklärung auch mit entsprechenden Kennzahlen belegt werden. Eine mögliche Kennzahl wäre z. B. Treibstoffverbrauch bzw. Materialeinsatz in kg oder t pro Betriebsstunde.

Die Erhebungen für das Audit für die Skilifte Lech (Ing. Bildstein Gesm.b.H) ergaben, dass der verbrauchte Diesel zu 70 % für die Pistenpräparation verwendet wurde. Daraus lassen sich Maßnahmen ableiten, die das Pistenpflegemanagement betreffen und z. B. eine spätere Präparation nach Neuschnee oder die schrittweise Erweiterung präparierter Flächen mit Beibehalten von Tiefschneebereichen einschließen.

Eine weitere Verbesserung im Hinblick auf die CO_2-Bilanz würde sich bei Umstellung auf Biodiesel ergeben. Allerdings ist hier die ggf. eingeschränkte Wintertauglichkeit von Biokraftstoffen zu berücksichtigen. Für die Pflege im Sommer ist dies umsetzbar. Je nach Ursprung liegt die CO_2-Einsparung gegenüber herkömmlichem Diesel bei Raps bei 38 %, bei Sonnenblumen bei 51 % und bei Biodiesel aus pflanzlichem und tierischem Abfall bei 83 % (die Angaben beruhen auf der Richtlinie 2009/28/EG des Europäischen Parlaments und des Rates vom 23. April 2009).

Auch eine Überprüfung des Präparierungsaufwandes durch Auswertung der GPS-basierten Aufzeichnungen von Pistenraupen (z. B. im Rahmen der Schneemessung) kann Anhaltspunkte für eine Effizienzsteigerung oder Best Practice liefern. Hier können auch Vergleiche Anhaltspunkte für innerbetriebliche Verbesserungen und das Erlernen von guter Praxis ermöglichen.

7.9.2 Energie

Für die Skigebiete in den Mitgliedstaaten der Europäischen Union ergeben sich durch die Europäische Energieeffizienz Richtlinie (Richtlinie 2012/27/EU) konkrete Herausforderungen. Aber auch weitere Richtlinien werden von Seilbahnunternehmen zukünftig zu beachten sein, wie die Regelungen hinsichtlich der Gesamtenergieeffizienz

Die Aufnahme und Entwicklung von Maßnahmen zur Energieeinsparung besitzen in Skigebieten einen hohen Stellenwert

von Gebäuden (Richtlinie 2010/31/EU) und die Richtlinie zur Förderung der Nutzung von Energie aus erneuerbaren Quellen (Richtlinie 2009/28/EG). In der Energieeffizienz-Richtlinie ist vorgesehen, dass größere Unternehmungen und Unternehmungen mit öffentlicher Beteiligung Energie-Audits durchführen müssen. Nachdem diese mithilfe von Umweltmanagementsystemen umgesetzt werden sollen (z. B. EMAS, ISO 14001 mit Energieteil), gewinnen diese an Bedeutung.

Die Bestandsaufnahme zum Themenbereich Energie muss sich, wie auch zuvor in den anderen Themenbereichen, daran orientieren, ob die Aufnahmen geeignet sind, konkrete Maßnahmen abzuleiten. Die Bestandsaufnahme soll die Grundlage für relevante Teilbereiche liefern:

- Wie viel Energie wird benötigt und wie lässt sich der aktuelle Energiebedarf senken?
- Welche Bereiche sind besonders energieintensiv?
- Woher wird derzeit die Energie bezogen und lässt sich diese – insbesondere zu Zeiten der Lastspitzen – umweltverträglicher (z. B. zertifizierter Grünstrom) beziehen?
- Wird bzw. lässt sich im Unternehmen selbst Energie produzieren, wie hoch ist der Anteil und lässt sich dieser noch weiter ausbauen?
- Inwieweit können Verbesserungen durch Kooperationen/Beteiligungen und Marketing erreicht werden?

Dabei sind in der Regel folgende für den Energieverbrauch relevante Bereiche des Unternehmens zu unterscheiden:

- Pistenpräparierung,
- Beschneiung,
- Aufstiegsanlagen,
- Gebäudeheizung,
- Gastronomie,
- Infrastruktur und Technik.

Das nachfolgende Beispiel der Skilifte Lech (Ing. Bildstein Gesm.b.H) illustriert, welche Maßnahmen im Bereich Energie möglich sind:

- Beteiligung an Biomasseheizwerken,
- Beheizung mittels Erdwärme,
- Einbau einer Photovoltaikanlage mit Integration einer Solaranlage für die Warmwasseraufbereitung,
- Verringerung des Energiebedarfs durch Wärmerückgewinnung,
- Einsatz hochwertiger Dämmstoffe bei Gebäuden.

Der überwiegende Teil des Stromverbrauchs (ca. 52 %) wird in Lech für die Beschneiung verwendet, rund ein Drittel für die Seilbahnanlagen und 9 % für die Gastronomie. Da der Energieaufwand für die Beschneiung relativ hoch ist, sollten vor allem in diesem Bereich verstärkt Maßnahmen gesetzt werden. Wie z. B. dass nur beschneit wird, wenn dies absolut notwendig ist und auch nur die Mengen erzeugt werden, welche aufgrund von Erfahrungswerten unbedingt benötigt werden. Des Weiteren ist hier ein differenziertes Schneemanagement hilfreich (z. B. mithilfe einer GPS-basierten Schneehöhenmessung).

Die Anstrengungen der Skilifte Lech im Jahr 2014 zugunsten erneuerbarer Energien ergaben, dass die auf Betriebsgebäuden installierte Photovoltaikanlage jährlich im Schnitt 8850 kWh erzeugt. Damit hat sich der Energieaufwand, der für die Herstellung der Anlage benötigt wurde, nach rund zwei Jahren energetisch amortisiert.

Das Audit zeigte für die Skilifte Lech auch, trotz der umfangreichen Gebäudekomplexe und Bürogebäude, die rund 800.000 kWh benötigen, dass bezogen auf CO_2-Äquivalente kaum Aufwertungspotenzial besteht, da die Ölheizung durch Fernwärme auf Holzschnitzelbasis ersetzt wurde. Weiterhin werden Wärmepumpen (Geothermie) sowie eine Warmwasserbereitstellung über Solaranlagen eingesetzt.

▢ Abb. 7.16 zeigt, dass auch bei anderen Seilbahnunternehmungen der Stromverbrauch der wichtigste Bereich ist, um Kosten zu reduzieren und um mit Umweltmanagementmaßnahmen anzusetzen. Auch hier sind Beschneiung und Präparation Bereiche mit hohem Einsparpotenzial.

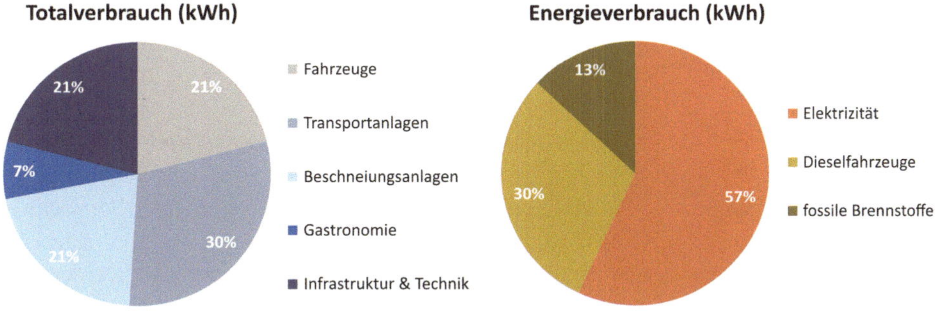

▢ **Abb. 7.16** Energieverbrauch Skigebiet „Das Höchste" (Walmendingerhorn, Ifen, Kanzelwand, Fellhorn- und Nebelhornbahn). (Eigene Darstellung nach Oberstdorf und Kleinwalsertal Bergbahnen 2017)

Messungen sowie Hochrechnungen durch Vergleich der Wintersaison 2008/2009 mit 2011/2012 in der Nachbeschneiung zeigen, dass durch die Schneehöhenmessung erhebliche Einsparungen im deutschen Skigebiet Fellhorn-Kanzelwand erzielt werden können (Schuster 2016). Es ist davon auszugehen, dass der Einsatz von Schneehöhenmesssystemen aufgrund der Effizienzsteigerung in modernen Skigebieten zum Standard wird. Die Testreihen haben gezeigt, dass sich durch die möglichen Einsparungen die Investitionen in einer bis zwei Saisonen (je nach Skigebietsgröße) wieder amortisieren.

Weitere Ansatzpunkte für Einsparungen sind wie oben angesprochen

- die Nutzung erneuerbarer Energie, z. B. Wasserkraft, Geothermie, Photovoltaik und Solarthermie,
- der Einbau von Kontrollsystemen für die Beleuchtung, wie z. B. zeitliche Begrenzung und Bewegungsmelder sowie stromsparende Beleuchtungskörper,
- regelmäßige Kontrolle der Gebäudeheizung bzw. -kühlung und ggf. Verbesserung der Steuerungsanlagen,
- Schulung von Mitarbeitern im Bereich energieeffizientes Gebäudemanagement,
- Verbesserung von Isolierung und Wärmedämmung an beheizten Gebäuden,
- Nutzung der Beschneiungs- oder Wasserspeicheranlagen zur Energiegewinnung,
- Optimierung bzw. Erneuerung der Schneeerzeuger und Steuerungsanlagen.

Eine Hilfe bei der Entwicklung von Maßnahmen ist es auch, die energiebezogenen Leistungen in Energiekennzahlen umzuwandeln und sie damit vergleichbar zu machen. Hierzu können Energie-Performance-Indikatoren bezogen auf die „Skier Days" (Skifahrertage) (kWh/Skier Day) oder pro Aufstiegsanlage (kWh/Beförderung und Höhenmeter) eine wesentliche Hilfe sein.

7.9.3 Indirekte Umweltwirkungen

Zu den wichtigsten indirekten Umweltauswirkungen in Skigebieten gehört die Anreise

Wie bereits erwähnt müssen auch die indirekten Umweltwirkungen angesprochen werden. Indirekte Umweltaspekte können nicht zur Gänze vom Skigebiet beeinflusst werden und stehen oft in Zusammenhang mit anderen Dienstleistern, zuliefernden Firmen sowie den Mitarbeiterinnen und Mitarbeitern. Darüber hinaus kann jedes Skigebiet auch das Verhalten der Wintersportler nur eingeschränkt beeinflussen. Dennoch ist es

Tab. 7.16 Anteil der Art der Anreise in das Skigebiet Schmittenhöhebahn (Zell am See). (Ecosign 2005)

Art der Anreise im Ort	Anteil in %
Zu Fuß innerhalb Gehdistanz	Ca. 34
Mit PKW	Ca. 42
Mit lokalem Skibus	Ca. 24

Aufgabe des Umweltaudits, auch die Umweltleistung von Auftragnehmern, Unterauftragnehmern und Lieferanten zu beeinflussen bzw. auf diese hinzuwirken. Hierzu gehört auch die Anreise bzw. Art der Anlieferung, Verpackung usw.

Zu den indirekten Auswirkungen zählen auch Effekte, die durch Kapitalinvestition, Kreditvergabe, Verwaltungs- und Planungsentscheidungen beeinflusst werden. Vor allem die Anreise in das Skigebiet gehört im Hinblick auf die CO_2-Bilanz zu den entscheidenden indirekten Umweltauswirkungen, die regelmäßig zu bewerten sind (Tab. 7.16).

Auch wenn die Art der Anreise nicht durch das Unternehmen entschieden wird, kann doch versucht werden, z. B. durch Anreize darauf Einfluss zu nehmen. Hierzu gehören Kooperationen mit dem öffentlichen Personennahverkehr, mit der Bahn oder mit Busunternehmungen. Ein Fallbeispiel aus Zell am See zeigt die Bemühungen in diesem Bereich, um den Anteil der Anreisenden mit PKW zu reduzieren. Angeboten werden nicht nur Stellplätze, sondern auch Anreisemöglichkeiten mit der Bahn sowie ein Skibus für die Skiregionen Zell am See und Kaprun. Betrachtet man die Art der Anreise von Gästen vor Ort, dann erfolgt diese wie folgt:

Ansatzpunkte für Verbesserungen werden regelmäßig in folgenden Maßnahmen gesehen:

- Entwicklung von Anreizsystemen für die Mitarbeiter, um die Anfahrt umweltfreundlicher zu gestalten, z. B. durch Anreise mit öffentlichen Verkehrsmitteln oder Mitnahme von Kollegen im Privatfahrzeug. Dies kann durch Bezuschussung, Übernahme der Fahrtkosten, eigene Shuttles o. ä. vom Unternehmen gefördert werden.
- Entwicklung von Anreizsystemen für die Gäste, u. a. durch Kooperation mit dem öffentlichen Personennahverkehr.
- Kooperation mit Beherbergungsbetrieben im Blick auf die Preisgestaltung (Anreise), um die Verkehrsspitzen an den Wochenenden zu reduzieren.

- Gemeinsame Entwicklung von Angeboten ohne Autobedarf mit Tourismusverbänden und Reiseanbietern.
- Kooperationen mit der Kommune für ein Verkehrskonzept hin zum autofreien Skiort.
- Kooperationen mit Reisebüros zur Förderung der Anreise von Urlaubern mit der Bahn.

7.10 Nutzungsbezogene Datenerhebung im Rahmen der ersten Umweltprüfung

In einer differenzierten Bestandsaufnahme der Nutzung wird ein wichtiger Bestandteil einer Skigebietskartierung gesehen. Hier unterscheiden sich die vorliegenden Empfehlungen von vergleichbaren Arbeiten (Leicht et al. 1993; Bayerisches Landesamt für Umwelt 2006). Zu den wichtigsten Nutzungen in Skigebieten zählen

- Wintersport,
- Sommertourismus,
- landwirtschaftliche bzw. almwirtschaftliche Nutzung,
- forstwirtschaftliche und jagdliche Nutzung.

Neben Schutzgütern und Ressourcenverbrauch sind auch wichtige Nutzungen im Skigebiet zu erfassen

Eine detaillierte Nutzungskartierung besitzt deshalb einen hohen Stellenwert, weil vielfach nicht die Einzelbelastung, sondern die Summe der Nutzungsüberlagerungen zu Belastungen führen kann. Eine weitere besondere Nutzungsform, wenn auch nicht im klassischen Sinn, stellt der Naturschutz dar. Schutzgebiete, wertvolle Lebensräume und kartierte Biotope sind daher ebenfalls gesondert zu erfassen und darzustellen. Dieser Aspekt hat in den Mitgliedstaaten der Europäischen Union im Zusammenhang mit der FFH-Richtlinie und der Vogelschutzrichtlinie an Bedeutung gewonnen.

Nutzungen, welche in Wechselwirkung mit der Nutzung im Winter stehen, sind zu prüfen und detailliert zu erfassen. Dazu zählen beispielsweise die Beweidung der Skipisten oder das Begehen von Wanderwegen im Sommer, aber auch Nutzungen, die zum Unternehmen gehören oder von diesem ausgehen, wie etwa der Verkauf von Sportartikeln, die Gastronomie oder die Durchführung von Sportveranstaltungen. Diese Bereiche lassen sich hier nicht standardisiert beschreiben. Eine Zusammenstellung mit regelmäßig zu prüfenden Aspekten ist in ◻ Tab. 7.17 dargestellt. Auf die Einstufung der Priorität von A-C wird in ► Abschn. 8.2 näher eingegangen; dabei bedeutet A eine hohe Priorität und C eine nachrangige.

Tab. 7.17 Datenerhebung zu Infrastruktur und Nutzung. (verändert nach Pröbstl et al. 2003)

Infrastruktur und Nutzung			
Datenquellen und mögliche Ansprechpartner	Basisinformation	Priorität	Begründung Bemerkung
Unternehmen/Betreiber Skigebiet Literatur Befragung und Antragsunterlagen Fremdenverkehrsamt Gemeinde Bauernverband Weidegenossenschaft Seilbahnbetreiber Forstamt Sportamt Naturschutzbehörde Internet Verbände/Vereine Jagdgenossenschaft	Skipistenabgrenzung	A	Grundlage für die Ermittlung der Belastung
	Aufstiegshilfen (nach Baujahr, Kapazität, Art, durchschnittliche Auslastung, Bedeutung Sommer/Winter)	A	
	Gebäude (Almen, Gaststätten)	A	
	Straßen, Wege und Trampelpfade	A	
	Beschneite Fläche, Standorte der Schneeanlage	A, Standorte B	Grundlage für die Ermittlung der Belastung, eventuell wegen baulicher Veränderung von Bedeutung
	Flächen mit Bedeutung für den Wettkampfsport	A	Besondere Nutzungsintensität
	Sonderflächen Wintersport (Funpark, Rodelbahnen, Skikindergarten)	A	Grundlage für mögliche zusätzliche Belastungen
	Schutzgebiete, amtlich kartierte Biotope/Lebensräume	A	Maßnahmen zu Schutz und Förderung
	Frequenz der Wege, Pisten, Einrichtungen	A	Grundlage für Belastung
	Infrastruktur für die Sommernutzung (Startplätze für Drachenflieger, Bikingstrecken, Spielplätze)	B	Mögliche zusätzliche Belastungen
	Parkplätze	A	Grundlagendaten/-karte
	Landwirtschaftliche Nutzung (Gebäude, Zäune, Beweidung, Mahd, Bestoßung pro ha, Tierart, Dünger)	A, Details B, C	Abschnitte/Bereiche mit möglichen zusätzlichen Belastungen
	Forstwirtschaftliche Nutzung	A, C	Wälder mit Schutzfunktion haben hohe Priorität, Bewirtschaftungsart sonstiger Wälder ist nachrangig
	Jagdliche Nutzung	B	Interessenskonflikte mit Erholungsnutzung möglich
	Leitungstrassen (z. B. Abwasser, Strom)	B	Bei Abwasser eventuell Störungen des Untergrundes, Störungspotenzial, eventuell faunistisch bei Stromleitung

Checkliste Umweltauswirkungen

- ☐ Berücksichtigt die Erfassung und Bewertung der Umweltauswirkungen die betroffenen Schutzgüter und Ressourcennutzungen?
- ☐ Werden dabei folgende Umweltaspekte angemessen berücksichtigt:
  - Zustand der Vegetation,
  - geschützte Tierarten,
  - Erosion, Rutschungen und Schadbilder,
  - Gewässerschutz und Trinkwasserschutz,
  - Kleinklima und Klimawandelanpassung,
  - Lärm,
  - Beleuchtung, optische Wirkungen,
  - Abfälle,
  - Nutzung von Ressourcen (Wasser, Energie, Rohstoffe)?
- ☐ Werden die wichtigen Umweltauswirkungen angemessen in Text und Karten dokumentiert?
- ☐ Erfolgt eine adäquate Bilanzierung im Hinblick auf die genutzten Ressourcen und erfolgt diese regelmäßig?
- ☐ Werden auch indirekte Umweltauswirkungen erfasst und berücksichtigt?

Bewertung und Ableitung von Handlungsbedarf

U. Pröbstl-Haider, M. Brom, C. Dorsch, A. Jiricka-Pürrer, *Umweltmanagement in Skigebieten*, https://doi.org/10.1007/978-3-662-55988-8_8

8.1 Datenaufbereitung und Datenmanagement

8.1.1 Räumliche Daten

Geografisches Informationssystem als Basis für Umweltprüfung und Fortschreibung

Da beim Aufbau des Umweltmanagementsystems und im Skigebietsmanagement auch Daten mit Raumbezug verwendet werden, wird insbesondere bei größeren Skigebieten empfohlen, die räumlichen Daten in ein Geografisches Informationssystem (GIS) zu überführen. Damit sind die verschiedenen Inhalte rasch verfügbar und erlauben Auswertungen, Verschneidungen und Visualisierungen sowie eine Fortschreibung dieser Daten.

Durch die Integration weiterer Daten, z. B. von Neuplanungen, wird daraus auch eine ideale Grundlage für die mittel- und langfristige Entwicklung des Skigebietes sowie für Abfragen und die Ableitung von Planungsunterlagen.

Im Zuge der ersten Umweltprüfung ist die Erstellung einer Grundlagenkarte mit den wesentlichen Informationen des Gebietes sinnvoll.

Wichtige Inhalte der Grundlagenkarte

Die Karte, die durch ein digitales Orthofoto ergänzt sein kann, sollte die folgenden Informationen beinhalten (Pröbstl et al. 2003):

- Aufstiegshilfen (Kabinenbahn, Sesselbahn etc.),
- Pistenabgrenzung (gegebenenfalls in einem zweiten Schritt),
- Gebäude (Infrastruktur des Skigebietes, Siedlung, Hütten etc.),
- Grenze zwischen Wald und Freiflächen, Latschen und Felsbereichen (Orthofoto),
- Wegenetz (Klassifizierung entsprechend der Kartengrundlage, Parkplätze),
- Höhenlinien (gegebenenfalls aus dem digitalen Höhenmodell generiert),
- Fließgewässer, stehende Gewässer, Quellen,
- Hochspannungsleitungen, markante Punkte zur Orientierung im Gelände,
- administrative Grenzen,
- ggf. Schutzgebietsgrenzen.

Über die Vermessungsinstitutionen sind eine Vielzahl allgemeiner Daten für ein Gebiet zu beziehen, die in diese Grundlagenkarte eingepasst werden können.

Allgemeine Grundlagendaten (Luftbilder und digitale Orthofotos) sind in der Regel über die staatlichen Vermessungsinstitutionen der jeweiligen Länder[1] zu beziehen.

1 In Österreich können entsprechende Daten beispielsweise über das Bundesamt für Eich- und Vermessungswesen (BEV) bezogen werden.

Viele Fachinformationen, z. B. zur Hanglabilität oder zu geschützten Lebensräumen, sind bereits digital erhältlich.

8.1.2 Inhaltliche Daten

Quantitative Daten sollten aufbereitet und anschaulich visualisiert werden

Für viele inhaltliche Daten liegen quantifizierbare Ergebnisse vor. Dies geht von den verbrauchten Betriebsstoffen über den anfallenden Abfall bis hin zum Wasser- oder Energieverbrauch. Hier empfiehlt es sich, die meist tabellarisch vorhandenen Daten z. B. in Säulengrafiken zu visualisieren und langjährige Trends einander gegenüberzustellen. Dies erleichtert auch mögliche anzustrebende Schwellenwerte oder die Formulierung von anzustrebenden Umweltzielen. Beispiele sind beim Thema Energie dargestellt.

8.1.3 Erhebung von Rechtsgrundlagen

Das Audit hilft, aktuelle Rechtsgrundlagen zu beachten

Wie bereits in ▶ Kap. 6 ausgeführt, muss sich ein Skigebiet mit sehr unterschiedlichen Rechtsmaterien auseinandersetzen, um rechtskonform agieren zu können. Die ISO 14001 schreibt die Bewertung und Einhaltung von Rechtsvorschriften vor. Damit ist es notwendig, alle Rechtsverbindlichkeiten regelmäßig zu erfassen, zu bewerten und deren Einhaltung nachzuweisen. Alle zutreffenden Gesetze und Auflagen sind daher idealerweise vom Skigebiet in einem sogenannten Rechtsregister zusammen zu fassen.

Die dazugehörigen gesetzlichen Grundlagen können in Österreich einerseits aus dem RIS (Rechtsinformationsdienst des Bundeskanzleramtes[2]) bezogen werden, andererseits bietet auch die Wirtschaftskammer Österreich (WKO) den sogenannten Unternehmerkalender[3] an, der über umweltrechtliche Neuerungen informiert. Branchenspezifische Rechtsinformationen werden auch vom jeweiligen Fachverband der WKO bereitgestellt. Auch der Fachverband der Seilbahnen informiert seine Mitglieder regelmäßig über wesentliche Neuerungen im Umweltrecht (z. B. UVP-Gesetz,

2 Das Rechtsinformationssystem des Bundes (RIS) dient der Information über das Recht von Bund und Ländern und bietet einen Zugang zum EU-Recht: ▶ https://www.ris.bka.gv.at/default.aspx.

3 Der Kalender zeigt ohne Anspruch auf Vollständigkeit, welche Termine mit welchen Konsequenzen für Unternehmen im Bereich Umweltschutz besonders aktuell sind bzw. in nächster Zeit anstehen: ▶ https://www.wko.at/service/umwelt-energie/unternehmerkalender.pdf.

Artenschutzrecht, Wasserrecht). Auch internationale Organisationen wie die Internationale Organisation für das Seilbahnwesen (OITAF[4]) bieten ebenfalls fachliche Hilfsmaterialien an. Darüber hinaus sind auch weitere Rechtsmaterien u. a. zum Schutz der Mitarbeiter bzw. arbeitsrechtliche Vorgaben und Sicherheit zu beachten.

8.2 Bewertung der Umweltaspekte

Das Umweltregister verdeutlicht Relevanz und Handlungsbedarf

Wichtig ist es, die für ein Skigebiet speziellen direkten Umweltwirkungen zu beurteilen und damit der Geschäftsleitung Anhaltspunkte für die Dringlichkeit und Prioritätensetzung zu geben. Eine Hilfestellung dafür ist ein sogenanntes Umweltregister, das tabellarisch alle Bereiche darstellt und bezogen auf die verschiedenen natürlichen Schutzgüter sowie den Ressourcenverbrauch die möglichen Risiken zusammenfassend darstellt. Neben dem Risiko wird auch der aktuelle Zustand bewertet.

Darüber hinaus wird die Umweltrelevanz für den normalen Betriebszustand und den abnormalen Betriebszustand, das heißt, wenn ein Notfall eintritt, ermittelt. Für beide Aspekte „normal“ und „Notfall“ wird die Umweltrelevanz in drei Stufen ermittelt:

- A = hohe Relevanz,
- B = mittlere Relevanz,
- C = geringe Relevanz.

Beim Betriebszustand werden der Stand der Technik, die Mitarbeiterqualifikation und die im Betrieb vorhandenen Regelungen berücksichtigt.

Für die einzelnen Bereiche wird dann zusammenfassend der Handlungsbedarf festgelegt, der einen kurzfristigen (I), mittelfristigen (II), langfristigen (III) und nicht gegebenen Handlungsbedarf aufzeigt.

Beim nachstehenden Beispiel aus dem Skigebiet Bansko/Bulgarien (▪ Abb. 8.1) kommt dem Pistenmanagement im Sommer und der Renaturierung aufgrund des neu gebauten Skigebietes eine besonders hohe Relevanz (A) zu. Einen weiteren wichtigen Bereich stellt in diesem Beispiel auch die Beschneiung dar.

4 Internationale Organisation für das Seilbahnwesen, gegründet im Jahr 1959 in Mailand (organizzazione internazionale trasporti a fune).

Umwelt-auswirkung / Bereich	Boden		Wasser		Flora		Fauna		Luft		Lärm		Abfälle		Nutzung von Ressourcen								Handlungs-bedarf
															Verpackungen		Wasser		Energie		Betriebsstoffe		
	1	2	1	2	1	2	1	2	1	2	1	2	1	2	1	2	1	2	1	2	1	2	
Beschneiung	C	B	B	A	B	B	B	B	C	C	A	A	C	C	C	C	A	A	A	A	C	B	III
Pistenpflege im Winter	B	B	B	B	B	A	C	B	C	C	B	B	C	C	C	C	C	C	B	B	B	A	III
Variantenskifahren, abseits der Piste	C	C	C	C	B	A	C	B	C	C	C	B	B	B	C	C	C	C	C	C	C	C	III
Pistenpflege im Sommer	B	A	A	A	A	A	B	B	C	C	C	C	C	B	C	C	C	C	C	C	C	C	I
Seilbahnbetrieb	C	C	C	C	C	C	C	C	C	C	C	B	C	C	C	C	C	C	A	A	B	B	III
Gastronomie	C	C	B	B	C	C	C	C	C	B	C	C	B	B	B	B	B	B	C	C	C	B	III
Laden/Verkauf	C	C	C	C	C	C	C	C	C	C	C	C	C	B	B	B	C	C	C	C	C	C	IV
Skiverleih	C	C	C	C	C	C	C	C	C	C	C	C	C	C	C	C	C	C	C	C	C	C	IV
Verwaltung	C	C	C	C	C	C	C	C	C	C	C	C	C	C	C	C	C	C	C	C	C	C	IV
Abwasserreinigung	C	B	A	A	B	A	C	B	C	B	C	C	C	C	C	C	C	B	C	C	C	C	III
Nutzwasser-versorgung	C	B	A	A	C	C	C	C	C	C	C	C	C	C	C	C	C	B	C	C	C	C	III
Durchführung von Wettbewerben	C	C	B	B	C	C	C	C	C	C	C	C	B	B	B	B	B	B	B	B	B	B	III

Umweltrelevanz (risk) für den normalen Betriebszustand (1) und den abnormalen Betriebszustand bzw. Notfall (2):
- A = hohe Relevanz
- B = mittlere Relevanz
- C = geringe Relevanz

Handlungsbedarf: I = kurzfristig, II = mittelfristig, III = langfristig, IV = nicht gegeben

Abb. 8.1 Beispiel für Umweltregister für das Skigebiet Bansko. (Pröbstl-Haider 2010)

Checkliste Bewertung der Umweltaspekte

- ☐ Wird eine Bewertung durchgeführt, die die wesentlichen Umweltaspekte klar ermittelt?
- ☐ Werden räumliche Daten adäquat erfasst und fortgeschrieben?
- ☐ Besteht beim jeweiligen Aspekt eine rechtliche Verpflichtung?
- ☐ Gewährleisten Verfahren und Maßnahmen eine ständige und dauerhafte Einhaltung umweltrechtlicher Vorschriften und Verpflichtungen?

Mitarbeiterbeteiligung, Fähigkeit, Schulung und Bewusstsein

U. Pröbstl-Haider, M. Brom, C. Dorsch, A. Jiricka-Pürrer, *Umweltmanagement in Skigebieten*, https://doi.org/10.1007/978-3-662-55988-8_9

In diesem Themenkomplex muss man unterscheiden zwischen der Beteiligung der Mitarbeiter bei der ersten Umweltprüfung und den Folgeprüfungen sowie den notwendigen Fähigkeiten und Schulungen, die erforderlich sind, um das Risiko und ggf. die Umweltgefahr gering zu halten. Nachstehend wird zunächst auf die Mitarbeiterbeteiligung im Rahmen der ersten Umweltprüfung eingegangen und dann auf die dauerhafte Einbindung der Mitarbeiter, ihre Schulungen und die aktive Beteiligung an einer umweltgerechten Entwicklung.

9.1 Mitarbeiterbeteiligung im Rahmen der Umweltprüfung

Umweltmanagementsysteme müssen die Mitarbeiter aktiv miteinbeziehen

Aus der Sicht der Verordnung soll durch die Mitarbeiterbeteiligung erreicht werden, dass sich die Mitarbeiter aktiv miteinbezogen fühlen und sich auch als treibende Kraft für die Umsetzung und kontinuierliche Verbesserung sehen. Aus der Sicht der Unternehmensleitung soll dadurch sichergestellt werden, dass die Umweltleistungen in der Organisation verankert sind und mitgetragen werden.

Nachdem es auch wichtig ist, die Mitarbeiter bei der Informationsgewinnung zu beteiligen, sollte der gesamte Prozess unter intensiver Mitarbeiterbeteiligung aufgesetzt werden, der alle Kolleginnen und Kollegen einbezieht, gleichgültig ob diese Liftkarten verkaufen oder in der Schneeerzeugung tätig sind. Besonders die EMAS-Verordnung unterstreicht, dass die Mitarbeiterbeteiligung alle Ebenen mit einschließen soll.

Um diesen Prozess im Rahmen der ersten Umweltprüfung zu starten, wird eine Auftaktveranstaltung empfohlen, bei der die wichtigsten Inhalte der Implementierung eines Umweltmanagementsystems, Aufgaben und Ziele sowie die Rolle der Mitarbeiter erläutert werden. Werden externe Experten beteiligt, dann sollten diese im Rahmen der Veranstaltung mit vorgestellt werden. Wichtig ist, dass jeder Mitarbeiter und jede Mitarbeiterin weiß, ob und welche Informationen benötigt werden.

In einem zweiten Schritt, bei dem bereits Kenndaten zu verschiedenen Bereichen vorliegen, empfiehlt sich, eine Stärken- und Schwächenanalyse zur Ist-Situation durchzuführen (◘ Abb. 9.1).

Für die kontinuierliche Verbesserung der Umweltleistungen spielt die erste Umweltprüfung eine entscheidende Rolle. Sie stellt insbesondere bei Skigebieten den wichtigsten

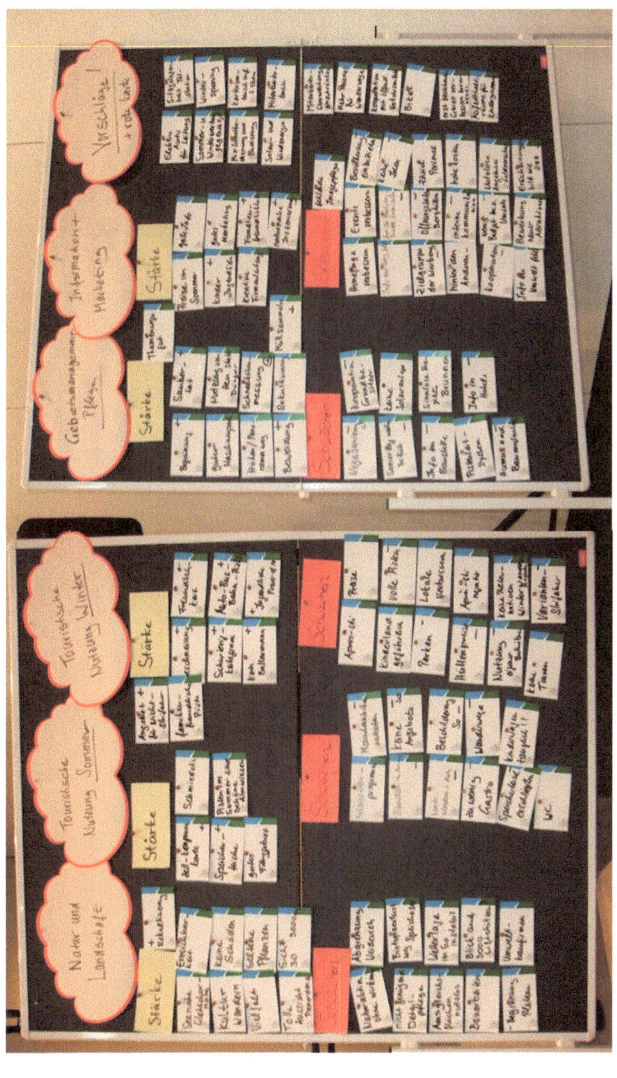

Abb. 9.1 Mitarbeiterbeteiligung, Beispiel Schmittenhöhebahn. (Foto: Ulrike Pröbstl-Haider)

Zugang in die Materie dar. Darüber hinaus sollten Maßnahmen gesetzt werden, welche

- die innerbetriebliche Organisation der Umweltbetriebsprüfung zur Verbesserung der Umweltleistung detailliert festlegen,
- den Informationsfluss zum Thema Umwelt regeln und steuern (z. B. Umweltgremien, Umweltbeauftragte),
- die Kooperation zwischen Abteilungen fördern (z. B. Arbeitsgruppe),
- die Kommunikation nach innen und außen fördern.

Beteiligung und Übertragung von Verantwortung können die Motivation erhöhen

Hier empfiehlt es sich, zunächst das Meinungsbild im Betrieb abzufragen und anschließend den Analyseergebnissen im Einzelnen gegenüberzustellen. Diese Vorgehensweise, bei der die Gegenüberstellung mit Spannung erwartet wurde, trug zur Mitarbeitermotivation und zu einer lebendigen Diskussion von möglichen Umweltzielen und Vorgaben für das Umweltmanagement bei.

Die Hervorhebung auch positiver Aspekte (Stärken) erhöht die Akzeptanz des Prozesses.

Bei der Präsentation sollten nicht nur die fachlichen Inhalte, sondern im Idealfall auch die Bewertungen soweit möglich visualisiert werden. Sollte es bei einzelnen Plandarstellungen oder anderen Daten nicht möglich sein, vollständige Daten für das Audit bereit zu stellen oder kurzfristig zu beschaffen, sollten diese fehlenden Informationen besonders herausgestellt werden.

Vor dem Hintergrund, dass das Umweltmanagement als Prozess zu sehen ist, ist eine größtmögliche Transparenz und Nachvollziehbarkeit in Bezug auf die Erhebungs- und Bewertungsmethoden anzustreben. Ein transparent gestalteter Prozess erhöht die Bereitschaft zur Mitwirkung. Wichtig ist es, Zwischenschritte zu dokumentieren, zu protokollieren und allgemein zugänglich zu machen.

Für die Beteiligung sind geeignete Vorgehensweisen zu wählen

Als geeignete Formen der Teilnahme bieten sich z. B. die Metaplantechnik bei Versammlungen, die modifizierte Gruppenarbeit am Runden Tisch oder das Vorschlagswesen (suggestion-book system) an. In vielen Fällen hat sich die sogenannte Sandwich-Methode nach Bischoff et al. (1996), eine Methode mit mehreren Komponenten, bewährt. Dieses Vorgehen eignet sich immer dann, wenn heterogene Gruppen gemeinsam arbeiten sollen und eine große Zahl an Mitarbeitern beteiligt werden soll. Diese Methode soll dazu beitragen, die Hemmschwelle bei der Meinungsäußerung abzubauen und die Erfahrungen der Mitarbeiter als Fachleute des Unternehmens mit ihren Kenntnissen optimal einzubeziehen.

Beispiel für Integration und Motivation der Mitarbeiter durch Sandwich-Methode (Pröbstl et al. 2003):

1. Einführung, Begrüßung durch die Unternehmensleitung
2. Vortrag zu den Aufgaben, dem thematischen Hintergrund, den Teilabschnitten des Umweltmanagementsystems und der aktuellen Aufgabenstellung
3. Stärken- und Schwächenanalyse durch die Mitarbeiter mithilfe von Metaplantechnik einzeln oder in Gruppenarbeit
4. Pause
5. Zusammenfassung der Ergebnisse der Metaplantechnik und Diskussion des Meinungsbildes
6. Vortrag durch externen Gutachter zu Stärken und Schwächen
7. Diskussion und gemeinsames Herausarbeiten von Übereinstimmung und Unterschieden

Wenn die Geschäftsführung bei den organisierten Veranstaltungen zur Mitarbeiterbeteiligung im Unternehmen nicht anwesend ist, eröffnet dies eine freiere Möglichkeit zur Meinungsäußerung. Daher ist zu empfehlen, dass bei der Veranstaltung mit den Mitarbeitern die Geschäftsleitung nur eröffnet, dann aber an der Veranstaltung nicht mehr teilnimmt. Aus demselben Grund ist auch eine externe Moderation zu empfehlen. Hilfreich ist es, wenn landschaftsbezogene Analyseergebnisse nicht nur digital, sondern anschaulich in Karten und Plänen dargestellt werden (◘ Abb. 9.2).

Richtige Wahl des Beteiligungszeitraums

Für die Skigebiete mit einer ausgesprochen saisonalen Belastung ist die Wahl der richtigen Gesprächszeitpunkte wichtig. Günstig sind der Spätherbst und die Periode kurz nach Betriebsschluss im Frühjahr. Eine entsprechende Termin- und Ablaufplanung erleichtert die Durchführung der Umweltprüfung.

Gemeinsam konkrete Ziele festlegen

Ein weiterer Termin sollte der Besprechung von Zielen gewidmet werden, um deutlich zu machen, wie Defizite

Abb. 9.2 Plandarstellungen sind für die Umweltprüfung und die Ableitung von Maßnahmen unerlässlich. (Foto: Ulrike Pröbstl-Haider)

angegangen werden. Die Beteiligung an diesem Schritt hat folgende Ziele:

- Das Kollegium engagiert sich und macht das Umweltmanagement zu seiner Sache.
- Die Mitglieder des Betriebes können ihr Fachwissen einbringen.
- Die Überlegungen der Mitwirkenden können als Plausibilitätstest für die Praxistauglichkeit und die Berücksichtigung vernünftiger Kosten-Nutzen-Verhältnisse der Maßnahmen dienen.
- Die Mitwirkung hilft, Prioritäten und Verantwortlichkeiten festzulegen.

Daher sollte bei diesem Beteiligungsschritt bereits ein Entwurf des Zielkataloges vorliegen. Dies erleichtert die Diskussion mit den mitwirkenden Personen.

Checkliste Mitarbeiterbeteiligung

- ☐ Umfasste die Umweltprüfung eine direkte Beteiligung der Mitarbeiter?
- ☐ Bestehen ausreichende Verfahren und Informationsmöglichkeiten bzw. besteht ein Wissensaustausch im

Betrieb? Sind die Aufgaben und Verantwortlichkeiten in den verschiedenen Ebenen bekannt?

- ☐ Bestehen ausreichend Schulungs- und Weiterbildungsmöglichkeiten und gibt es für die Personalqualifikation ein Verfahren?
- ☐ Wird der Schulungsbedarf regelmäßig ermittelt?
- ☐ Werden Schulungsmaßnahmen für Mitarbeiter, die umweltrelevante Tätigkeiten ausführen, systematisch geplant, durchgeführt und dokumentiert?
- ☐ Werden neue Mitarbeiter in Bezug auf das Umweltmanagementsystem regelmäßig geschult?
- ☐ Sind die Umweltauswirkungen des Unternehmens bekannt?
- ☐ Werden Instrumente etabliert oder Verfahren gewählt, die die Mitarbeiter einbeziehen?

9.2 Bewusstseinsbildung, Schulung und Qualifikation

Die erste Umweltprüfung sollte als Grundlage verwendet werden, eine geeignete Form der Mitarbeiterbeteiligung dauerhaft zu etablieren. Das wichtigste Ziel ist dabei, den dauerhaften Informationsrückfluss anzustoßen, aber auch Erfolgsmeldungen im Hinblick auf gesetzte Managementmaßnahmen zu bekommen und zu kommunizieren. Die Bewusstseinsbildung und unternehmensinterne Kommunikation ist daher eine dauerhafte Aufgabe und Herausforderung (vgl. ▶ Kap. 11).

Auch die Weiterbildung der Mitarbeiter ist Teil des Umweltmanagements

Darüber hinaus muss das Unternehmen sicherstellen, dass die Mitarbeiterinnen und Mitarbeiter in Bereichen mit möglichen relevanten Umweltwirkungen ausreichend qualifiziert sind und diese Erfahrung auch dokumentiert und weitergegeben werden kann. Hierfür sind ggf. auch Schulungen vorzusehen. Dazu muss der Schulungsbedarf ermittelt werden, der mit den Umweltaspekten und dem Umweltmanagementsystem verbunden ist. Interne oder externe Schulungen sind daher in verschiedenen Bereichen zu prüfen.

Durch die interne Kommunikation und Dokumentation wird erreicht, dass alle Personen, die für das Unternehmen arbeiten,

- den Zusammenhang zwischen der Umweltpolitik, den zugehörigen Verfahren und die Anforderungen des Umweltmanagementsystems erkennen und umsetzen,
- die bedeutenden Umweltaspekte und die damit verbundenen tatsächlichen oder potenziellen Auswirkungen im Zusammenhang mit ihrer Tätigkeit und die umweltbezogenen Vorteile durch verbesserte persönliche Leistung wahrnehmen,
- ihre Aufgaben und Verantwortlichkeiten zum Erreichen festgelegter Aufgaben innerhalb des Umweltmanagementsystems kennen,
- die möglichen Folgen eines Abweichens von festgelegten Abläufen richtig einschätzen können.

Zielsetzungen und Umweltleistungen

U. Pröbstl-Haider, M. Brom, C. Dorsch, A. Jiricka-Pürrer, *Umweltmanagement in Skigebieten*, https://doi.org/10.1007/978-3-662-55988-8_10

10.1 Programm

Die Festlegung von Einzelmaßnahmen in einem so breit gefächerten Anwendungsgebiet, wie dem Umweltmanagement für Skigebiete, wird dann erleichtert, wenn zunächst ein Programm entwickelt wird bzw. programmatische Ziele als erster Schritt festgelegt werden. Das Programm ordnet sich der allgemein gefassten Umweltpolitik unter und setzt den Rahmen für die Ausarbeitung von detaillierten Umweltzielen, der Benennung von Verantwortlichen und Prioritäten. Bei einer Wiederholungsprüfung wird in der Regel das definierte Programm bestehen bleiben, aber die Ziele werden neu definiert, ggf. auch mit neuen Werten fortgeschrieben werden.

Das Umweltprogramm sollte praxisnah entwickelt werden

Das Programm muss so formuliert werden, dass es hinsichtlich der nachfolgenden Ziele auch tatsächlich umgesetzt werden kann. Das bedeutet, dass der Schwerpunkt auf praxisnahen und messbaren Aussagen im Programm gelegt werden sollte. Darüber hinaus ist die Einhaltung rechtlicher Verpflichtungen zu gewährleisten.

Das Umweltprogramm soll der Geschäftsleitung vorgelegt und von ihr beschlossen werden. Wie die Definition der Umweltpolitik, ist auch die Verabschiedung der hierzu notwendigen Ziele und Maßnahmen Chefsache. Nachdem das Programm den Rahmen für Ziele und Maßnahmen für die Leistungen der Beschäftigten setzt, sollte es möglichst konkret und gut verständlich formuliert werden.

Die nachstehende ◘ Tab. 10.1 zeigt beispielhaft diverse Umweltziele von Skigebieten sowie die damit verbundenen Ziele (Ausschnitte) und Maßnahmen, die aus der Umweltpolitik abgeleitet wurden.

Tab. 10.1 Umweltziele und Maßnahmen (Beispiele)

Vorgaben aus der Umweltpolitik	Ziel	Maßnahme
Das Skigebiet XXX zeichnet sich durch gut präparierte und gepflegte Pisten aus, die eine erfolgreiche Wintersaison garantieren können. Wir streben eine Erhaltung dieser Situation mit Verbesserungen im Bereich Energie und Wassernutzung an	– Durchführung einer umweltverträglichen Beschneiung – Minimierung des Einsatzes von Kraftstoffen, Wasser und Energie für die Präparation und Schneeerzeugung – Quantifizierung des Verbrauchs	– Auf eine Beschneiung nach dem 10.03. wird bewusst verzichtet, um negative Auswirkungen auf die Vogelwelt zu vermeiden. – Die Anlage eines Speichersees beugt möglichen Belastungen der natürlichen Fließgewässer Ökosystemen vor. – Es erfolgt eine regelmäßige Schulung von Mitarbeitern zum effizienten Betrieb der Anlagen unter Berücksichtigung von Luftfeuchtigkeit und Lufttemperatur. – Verbrauch und ggf. Überschreitungen im Vergleich zu den Vorjahren sind unternehmensintern zu dokumentieren, zu prüfen und gegenüber der Unternehmensleitung zu begründen
Die Lage in einem wertvollen Naturraum mit spezifischen, teilweise einzigartigen Vorkommen an Lebensräumen, Tieren und Pflanzen verpflichten zu einem nachhaltigen und ökologisch ausgerichteten Management des Skigebietes. Die Entwicklung des Gebietes soll dieses natürliche Potenzial erhalten und – soweit dies mit der Nutzung vereinbar ist – aufwerten. Im Nachgang zu der Begrünung der Pistenflächen soll eine extensive Schafbeweidung mit einheimischen Betrieben etabliert werden, die zur Förderung und Stabilisierung artenreicher Bergwiesen beiträgt	– Verbesserung bzw. Wiederherstellung natürlicher (in Hochlagen) oder naturnaher Wiesenflächen (in mittleren und niedrigen Lagen) – Wirksame Eindämmung von Erosionsschäden im Skigebiet – Schrittweise Verbesserung des Begrünungszustandes auf flächendeckend über 50 % Bedeckung	– Mulchen wird vermieden. Die Erhaltung und Entwicklung artenreicher Bestände soll durch extensive Nutzung erreicht werden. – Für einzelne Pistenabschnitte wird ein Prioritätenprogramm für die Drainage der Pistenflächen erarbeitet und umgesetzt

10.2 Einzelziele, Maßnahmen und Verwirklichung

Ziele

Die Einzelziele orientieren sich zum einen an Umweltpolitik und Umweltprogramm, zum anderen sollen sie die Bereiche aufgreifen,

- bei denen ein erhebliches Umweltpotenzial besteht,
- bei denen ein großes Verbesserungspotenzial besteht,
- bei dem dringender Handlungsbedarf besteht oder
- der Handlungsbedarf aus rechtlicher Sicht gegeben ist.

Einzelmaßnahmen sind eindeutig und umsetzungsorientiert zu formulieren

Weiterhin müssen die Einzelmaßnahmen klar abgegrenzt sein, damit sie planbar, finanzierbar und umsetzbar sind. Messbaren, klar definierten Vorgaben ist dabei der Vorzug zu geben. Bei der Festlegung der Einzelziele soll – so der Hinweis der Verordnung – auch darüber nachgedacht werden, welche Standpunkte und Interessen die Bevölkerung oder sogenannte interessierte Kreise haben. Gegebenenfalls ist Maßnahmen mit besonderem Stellenwert für die Allgemeinheit eine erhöhte Priorität einzuräumen. Ein Beispiel wären Lärmschutzmaßnahmen, die über den gesetzlichen Rahmen hinausgehen oder freiwillige Maßnahmen zum Schutz seltener Tierarten.

Bei der Festlegung von Einzelzielen sollte auch geprüft werden, ob dabei zum Vorteil von Umwelt und Unternehmen auch lokale, regionale oder rationale Umweltprogramme bzw. Förderungen genutzt werden können. Dies könnte z. B. im Bereich der naturnahen Pistenpflege gegeben sein, bei der Etablierung von Infrastruktur für erneuerbare Energie oder der Biomassenutzung.

Die Verordnung weist weiterhin darauf hin, dass bei der Festlegung von Zielen überprüft werden sollte, ob es technische Verbesserungsmöglichkeiten gibt. Hier ergeben sich in Skigebieten häufig Optionen

- im Bereich der Pistenpflege und dem Schneemanagement im Winter,
- im Bereich der Pistenpflege im Sommer,
- im Bereich der Ressourcennutzung,
- im Bereich Transport und indirekte Wirkungen (Verkehr).

Die nachstehende Tab. 10.2 zeigt die Zuordnung von Einzelmaßnahmen, Prioritätensetzung und Zeitplanung, die intern und extern kommuniziert werden kann und eine hohe Transparenz gewährleistet.

Tab. 10.2 Zuordnung von Einzelmaßnahmen, Priorität und Zeitplan

Zielsetzung	Einzelmaßnahme und Bereich	Verantwortlicher Mitarbeiter	Zeitraum
Pistenpflege und Umweltschutz			
Erosionsbekämpfung und Wiederbegrünung der Piste Sanierung Piste Wasserausleitung	Piste A und Piste B	Name (Abt. Pisten- und Schneemanagement)	Quartal 2 20XX
Verbesserung der Umweltdatenbestände und Messergebnisse	Aufbau einer Datenbank	Name (Abt. Technik) und Name (Abt. Pisten- und Schneemanagement)	Quartal 4 20XX
Verbesserung der Abfalltrennung	Erarbeitung und Umsetzung	Name (Abt. Ver- und Entsorgung, Abfallmanagement)	Quartal 3 20XX
Förderung der Umweltkenntnisse bei Mitarbeitern	Konzept zur umweltbezogenen Mitarbeiterschulung	Name (Abt. Finanzen und Controlling)	Quartal 2 20XX
Information			
Verbesserung der Kundeninformation zu Umweltthemen	Umweltinformation auf der Webseite	Name (Abt. Werbung und Marketing)	Quartal 3 20XX
Sicherheit			
Erhöhung der Sicherheit	Mitarbeiterschulung zur Sicherheit	Name (Abt Technik) und Name (Abt. Pisten- und Schneemanagement)	Quartal 2 20XX
Lawinenschutz	Umsetzung der genehmigten Lösung	Name (Abt. Technik)	Quartal 3 20XX
Ersatz älterer Aufstiegshilfen zur Sicherheit	Ersatz folgender Seilbahnen bzw. Schlepplifte A, B, C	Name (Abt. Technik)	Quartal 4 20XX
Umweltmanagement			
Umweltkommunikation	Stärkere Verbreitung der Umwelterklärung als Broschüre	Name (Abt. Werbung und Marketing)	Quartal 2 20XX

Verwirklichung

Personal, Finanzmittel und Sachkosten für die Umsetzung sind einzuplanen

Wie Tab. 10.2 zeigt, sind die Maßnahmen umsetzungsorientiert zu formulieren. Das bedeutet, dass die Leitung des Unternehmens die Verfügbarkeit der benötigten Ressourcen für die Einführung, Verwirklichung, Aufrechterhaltung und Verbesserung des Umweltmanagementsystems sicherstellt. Wie dargestellt gehört dazu auch eine klare Regelung der Verantwortlichkeit. Darüber hinaus sollte in der Kostenermittlung auch weiter erforderliches Personal mit speziellen Fähigkeiten, die Infrastruktur der Organisation und technische Mittel eingeplant werden.

Das obige Beispiel verdeutlicht, wie Aufgaben, Verantwortlichkeiten und Befugnisse festgelegt, dokumentiert und kommuniziert werden können, um ein wirkungsvolles Umweltmanagement zu erleichtern.

10.3 Umweltmanagement, Betrieb und personelle Verantwortung

Klare Verantwortlichkeiten und Zuständigkeiten regeln

Gemäß der ISO 14001 (Version 2015) muss die oberste Leitung einer Organisation (z. B. Geschäftsführung) die Verantwortlichkeiten und Befugnisse für relevante Rollen zuweisen und innerhalb der Organisation bekanntmachen. Im konkreten Fall wären das die Verantwortlichkeit und Befugnis für die Sicherstellung der Konformität des Umweltmanagementsystems mit der Norm ISO 14001 sowie das Berichten an die oberste Leitung das Umweltmanagementsystem betreffend. Die Nominierung eines eigenen Umweltmanagementbeauftragten ist somit nicht mehr zwingend notwendig, wird aber aller Voraussicht nach gängige Praxis bleiben.

Daher ist es wichtig, wie in ◘ Tab. 10.2 dargestellt, Verantwortlichkeiten zu regeln und Abteilungen zuzuordnen.

Der eigentliche Aufbau des Umweltmanagementsystems steht am Ende des Prozesses und beinhaltet unter anderem die Umsetzung der Umweltpolitik mit ihren Umweltzielen. Das übergreifende Managementsystem schließt die Organisationsstruktur, die Zuständigkeiten, Verfahren, Abläufe und Mittel für die Umsetzung mit ein.

Wie differenziert und auf welchen Ebenen das Umweltmanagement angesetzt wird, ist von der Unternehmensstruktur und dessen Größe abhängig.

Die erforderlichen Zuweisungen reichen von der Regelung der Zuständigkeiten über die Umsetzung konkreter Einzelmaßnahmen bis hin zu Kommunikation und Ausbildung. Darüber hinaus sind auch die Bereiche und Themenfelder festzulegen, in denen Monitoring, festgesetzte Beobachtung oder Überwachung wichtig sind. Nachdem es sich bei den Bergbahnen eher um kleine bis mittlere Unternehmen handelt, kommt der Zuordnung des Umweltthemas zu einzelnen Mitarbeitern besondere Bedeutung zu.

In diesem Zusammenhang sind auch folgende gezielte Beauftragungen und Zuordnungen zu einzelnen Mitarbeitern zu prüfen:

- Sicherheit,
- Brandschutz,
- Abfall,
- Ersthelfer,
- Energie,
- Umwelt.

Weiterhin ist zu prüfen, ob die Schwellenwerte für weitere gesetzlich geforderte Beauftragte gegeben sind, die über die im Unternehmen zugeordneten freiwilligen Schwerpunktsetzungen hinausgehen.

Die Zuordnungen und Aufgaben im Unternehmen sind klar nach außen zu dokumentieren.

Externe und interne Kommunikation und Dokumentation

U. Pröbstl-Haider, M. Brom, C. Dorsch, A. Jiricka-Pürrer, *Umweltmanagement in Skigebieten*, https://doi.org/10.1007/978-3-662-55988-8_11

Aus der Sicht der Seilbahnwirtschaft ist, wie in der Einleitung dargelegt, die Außenwirkung der Umweltmaßnahmen und die Unterstützung des Marketings ganz entscheidend. Daher kommt der Kommunikation des Prozesses, der Planung (Programm und Ziele) sowie der erzielten Umsetzungsergebnisse eine besondere Bedeutung zu.

Weiterhin ist, wie in ▶ Kap. 9 dargelegt, die interne Kommunikation zu fördern. Jeder Mitarbeiter soll die Gelegenheit haben, sich einen Einblick zu verschaffen und die geforderten Leistungen dementsprechend einzubringen.

Ein dritter Bereich, der im Zusammenhang mit der Kommunikation zu bedenken ist und der sich mit den beiden oben genannten Aspekten teilweise verbinden lässt, ist die Dokumentation.

Im Hinblick auf die nachzuweisende Kommunikation legt die EMAS-Verordnung folgendes fest:

1. Die Organisationen müssen nachweisen können, dass sie mit der Öffentlichkeit und anderen interessierten Kreisen, einschließlich Lokalgemeinschaften und Kunden, über die Umweltauswirkungen ihrer Tätigkeiten, Produkte und Dienstleistungen in offenem Dialog stehen, um die Belange der Öffentlichkeit und anderer interessierter Kreise in Erfahrung zu bringen.
2. Offenheit, Transparenz und regelmäßige Bereitstellung von Umweltinformationen sind Schlüsselfaktoren, durch die sich EMAS von anderen Systemen abhebt. Diese Faktoren helfen der Organisation auch dabei, bei interessierten Kreisen Vertrauen aufzubauen.
3. EMAS ist so flexibel, dass Organisationen relevante Informationen an spezielle Zielgruppen richten und dabei gewährleisten können, dass sämtliche Informationen denjenigen Personen zur Verfügung stehen, die sie benötigen.

Ein entscheidendes Dokument für die externe und für die interne Kommunikation in Form eines Überblicks stellt die Umwelterklärung dar. Diese fasst den gesamten Prozess und seine wesentlichen Elemente zusammen. In ◘ Tab. 11.1 ist eine typische Gliederung für ein Skigebiet dargestellt und die wesentlichen Inhalte werden in Stichworten erläutert.

Mit einer entsprechend gestalteten Umwelterklärung werden auch die Anforderungen an eine sachgerechte Dokumentation zu einem großen Teil erfüllt. Weiterhin gehört zur sachgerechten Dokumentation, die Unterlagen, Pläne, Tabellen und Zusammenstellungen für die erste Umwelterklärung verfügbar zu haben, um sie entsprechend auch

Tab. 11.1 Struktur für eine Umwelterklärung (Beispiel)

Gliederungspunkt der Umwelterklärung	Inhalt in Stichworten
Vorwort	– Zielsetzung – Benennung der Art der Zertifizierung – Relevanz für interne und externe Kommunikation
Beschreibung des Unternehmens in Zahlen und Fakten	– Beschreibung des Unternehmens bzw. der Organisation – Darstellen der naturräumlichen Besonderheit, der Pisten, Erholungseinrichtungen usw – Umfang und Struktur des skisportlich genutzten Raumes und Abgrenzung des Umweltmanagements mit Planausschnitten
Umweltmanagement mit System	– Verantwortlichkeiten für das Umweltmanagement – Beteiligung externer Mitwirkender und Gremien – Organigramm
Beschreibung des Umweltmanagementsystems	– Hinweis auf Grundlagen (z. B. EMAS Verordnung oder ISO 14001:2015) – Aufgaben und Zusammensetzung der aufbereiteten Unterlagen – Hinweis auf Umweltpolitik, Programm, Ziele und Maßnahmen als wesentliche Struktur – Hinweis auf Schulungen, Bewusstseinsbildung und finanzielle Ausstattung – Erläuterung des Umweltregisters und der dargestellten Risiken – Umweltregister für mögliche direkte Auswirkungen – Behandlung möglicher indirekter Umweltauswirkungen
Umweltpolitik	– Grundsatz – Leistungsumfang – Abgrenzung – Umweltmanagementsystem – Überwachung – Information
Direkte Umweltwirkungen	– Beschneiung – Pistenpflege im Winter – Sicherheit – Pistenpflege im Sommer – Lift- und Seilbahnbetrieb – Nutzwasserversorgung und Abwasserreinigung – Abfallmanagement – Verwendung von Verbrauchsmaterialien und natürlichen Ressourcen (Strom, Wasser, Erdölprodukte, Emissionen)
Indirekte Umweltwirkungen	– Verkehr durch Kunden auf Zufahrtsstraßen und Parkplätzen – Zulieferung und Partnerbetriebe
Umweltprogramm	– Tabellarische Darstellung von Zielen, Maßnahmen, Verantwortlichkeiten und Realisierungszeitraum für verschiedene Themenbereiche, z. B. Pistenpflege und Umweltschutz, Sicherheit, Schulung

(Fortsetzung)

Tab. 11.1 (Fortsetzung)

Gliederungspunkt der Umwelterklärung	Inhalt in Stichworten
Zusammenfassung der verfügbaren Daten über die Umweltleistung	- Input-Output-Analyse - Kernindikatoren
Hinweis zur Einhaltung von Rechtsvorschriften, Bezugnahme auf Umweltvorschriften	- Informationen zu Mess- und Grenzwerten - Erwähnung wesentlicher Rechtsvorschriften - Beschreibung des Rechtsregisters
Gültigkeitserklärung	- Name und Zulassungsnummer des Umweltgutachters und - Datum der Validierung
Information und Feedback	- Ansprechpartner im Unternehmen, ergänzende Information

digital fortschreiben zu können. Das Skigebietsinformationssystem in GIS und die oben genannten Unterlagen werden für die weitere Planung, Durchführung und Kontrolle der Prozesse im Rahmen des Umweltmanagements benötigt.

Umweltinformationen auf der Unternehmenswebseite sollten leicht auffindbar sein

Für die interne und externe Dokumentation sind auch geeignete Medien für die Verbreitung festzulegen. In der Regel steht die Umwelterklärung in gedruckter Form und als Download für jedermann zur Verfügung.

Betrachtet man die Vorgehensweise im Bereich der Umweltkommunikation im internationalen Bereich, dann werden hier vielfach die Schlüsselthemen im Umweltbereich, wie etwa Energie, Wasser, Abfall und Biodiversität, auf eigenen Seiten vorgestellt, sodass der Mitarbeiter oder auch der externe Gast auf thematisch ansprechende Seiten trifft. Allerdings sollte bei der Nutzung der Webseiten eine Position für die Umweltinformation gewählt werden, die nicht nur leicht aufgefunden werden kann, sondern auf der Webseite auch so platziert ist, dass sie von potenziellen Kunden in die Entscheidungsfindung mit aufgenommen werden kann.

Die Verordnung enthält darüber hinaus Vorschriften für die Lenkung von Dokumenten, d. h. ihre Genehmigung, ihre Aktualisierung, die Kennzeichnung von Überarbeitungen usw., um das Zirkulieren veralteter oder nicht autorisierter Dokumente zu vermeiden (vgl. Anhang 1 Ziffer A 5.4 der EMAS-Verordnung). Für alle in der Umwelterklärung festgehaltenen wesentlichen Inhalte mit direkter Umweltrelevanz ist darüber hinaus die Art der Dokumentation festzulegen (vgl. Anhang 1 Ablauflenkung). Im Hinblick auf mögliche indirekte Wirkungen, die vor allem das Thema Verkehr, aber auch die Zulieferfirmen, Dienstleister und Auftragnehmer betreffen, gilt dies ebenso.

Checkliste Kommunikation

- ☐ Sind Sprache und Darstellung knapp und allgemeinverständlich?
- ☐ Sind die Daten und Informationen nachvollziehbar und präzise?
- ☐ Ist die Umwelterklärung den Mitarbeiterinnen und Mitarbeitern sowie der Öffentlichkeit zugänglich?
- ☐ Sind die Informationen auf der Webseite leicht auffindbar?

Dokumentation und Gefahrenabwehr

U. Pröbstl-Haider, M. Brom, C. Dorsch, A. Jiricka-Pürrer, *Umweltmanagement in Skigebieten*, https://doi.org/10.1007/978-3-662-55988-8_12

12.1 Dokumentation

An die Dokumentation stellen das Umweltmanagementsystem EMAS und die EN ISO 14001:2015 bestimmte Anforderungen[1]. Wie und welche Inhalte in Skigebieten eine hohe Relevanz haben, wurde in den einzelnen Fachkapiteln bereits beschrieben und mit Fallbeispielen unterlegt. Neben der Umweltpolitik und den Zielsetzungen geht es dabei um die Unterlagen, die erforderlich sind, um eine effektive Planung, Durchführung und Kontrolle von umweltbezogenen Maßnahmen sicherzustellen.

Um ein effizientes Management zu gewährleisten, ist im Unternehmen festzulegen, welche Inhalte in welchen Zeiträumen aktualisiert werden müssen und in welchen Teilbereichen ggf. eine neue interne oder behördliche Genehmigung erforderlich ist. Hierzu gehört z. B. eine befristete Genehmigung für Beschneiung bzw. behördliche Auflagen für die Vorlage von Schneitagebüchern und einer Dokumentation der Beschneiungstätigkeit. Die Aktualisierungszeiträume sind je nach Nutzung und Schutzgut sehr unterschiedlich. So sind für Wasser, Abfall und Energie saisonale Aufzeichnungen erforderlich. Bei der Vegetation sind sinnvolle Intervalle ca. fünf Jahre (nur in erosionsgefährdeten Bereichen häufiger). Darüber hinaus muss auch der Ablauf festgelegt werden, z. B. wer welche Dokumente berücksichtigen muss und wie etwa veraltete Dokumente archiviert werden.

12

Insgesamt dienen die Dokumentation und die Lenkung wichtiger Aufzeichnungen dazu, dass das Unternehmen nachweisen kann, dass die Vorgaben der ISO 14001 bzw. der EMAS-VO eingehalten werden. Darüber hinaus belegen sie, dass die gewünschten Ergebnisse auch erzielt wurden. Daher muss einerseits ein Verfahren für die Identifizierung, Speicherung, Wiederauffindung und Sicherung, andererseits aber auch ein nachprüfbares Vorgehen für das Aufdecken veralteter Dokumente, ihr Zurückziehen und ggf. ihre Vernichtung eingeführt und betrieben werden. Wichtig ist, dass eine unbeabsichtigte Verwendung veralteter Dokumente verhindert wird. Hinweise, welche Inhalte im Bereich des Umweltmanagements ausreichend dokumentiert werden müssen, liefert die Bewertung der Umweltaspekte (vgl. ► Abschn. 8.2).

1 Einzelne Skigebiete empfehlen auch integrierte Managementsysteme.

Beispiele für Aufzeichnungen und Dokumente in Skigebieten sind die Umweltpolitik und das Umweltprogramm (Dokumente), als Aufzeichnung kommen z. B. Messprotokolle, Wartungsprotokolle (Seilbahnanlagen) bzw. die Input-/Output-Analyse vor. Diese wurden bereits in den vorhergehenden fachspezifischen Kapiteln beispielhaft dargestellt.

Die Dokumentationspflicht schließt auch den Umgang mit Lieferanten, Dienstleistern und Auftragnehmern mit ein. Nachdem es auch das Ziel ist, Verbesserungen im Hinblick auf die Umwelt durch diese zu erreichen, ist auch diese Einflussnahme zu dokumentieren. Diese umfangreichen Dokumentationspflichten bedingen auch ein gezieltes Monitoring, d. h. eine regelmäßige Überwachung der Arbeitsabläufe, die eine bedeutende Auswirkung auf die Umwelt haben können.

In Skigebieten ist dies regelmäßig die Pistenpräparation einschließlich Beschneiung, die Sommerpflege der Skipisten, der Wasser- und Stromverbrauch sowie das Abfallmanagement im Rahmen der Personenbeförderung. Dabei muss jeweils durch geeignete Aufzeichnungen nachgewiesen werden, dass die Arbeitsabläufe mit den umweltbezogenen Zielsetzungen im Einklang stehen.

Ein anschauliches Beispiel hierfür ist die Aufzeichnung der Beschneiung einschließlich der Lage/Bereiche, des Datums und der Uhrzeit, der Wetterbedingungen einschließlich Feuchtkugeltemperatur und der Art der Schneeerzeuger. Diese Daten, aufgezeichnet von überprüfbaren Messgeräten, sind entsprechend aufzubewahren.

Die Aufzeichnungspflichten schließen auch den Bereich der Rechtsvorschriften mit ein. Hierzu dient in der Regel das Rechtsregister (vgl. ► Kap. 6), in dem auch der Status der Überprüfung bzw. die Einhaltung vermerkt wird. Diese regelmäßige Bewertung der rechtlichen Verpflichtungen ist ebenfalls aufzubewahren (vgl. ► Abschn. 8.1.3).

12.2 Vorbeugungsmaßnahmen, Notfallvorsorge und Gefahrenabwehr

Wie eingangs in ◻ Tab. 3.1 dargestellt, trägt das Umweltmanagement auch zur Risikominimierung bei. Die hierfür einzusetzenden Maßnahmen setzen sich aus Korrektur- und Verbesserungsmaßnahmen sowie einer Notfallvorsorge und gezielten Gefahrenabwehr zusammen.

Bei den Vorbeugungsmaßnahmen geht es darum, im Unternehmen Verfahren zu etablieren, die dann greifen, wenn dadurch Umweltbeeinträchtigungen entstehen können, weil vom „Normalbetrieb" abgewichen wird, z. B. Präparation bei unzureichender Schneelage in Teilabschnitten, Betrieb einzelner Schneeerzeuger bei höheren Temperaturen o. ä. Wichtig ist in diesen Fällen zu dokumentieren, wie etwaigen Problemen vorgebeugt wird und wie bei der Korrektur, z. B. Nachsaat im durch Pistenraupen beeinträchtigten Teilstück usw., umgegangen wurde.

Darüber hinaus muss zur Gefahrenabwehr ein Verfahren eingeführt werden, welches auf mögliche Unfälle ausgerichtet ist. Das Unternehmen muss darstellen, wie auf eventuell eintretende Notfallsituationen und Unfälle reagiert werden kann und wie ungünstige Umweltauswirkungen vermindert oder vermieden werden können.

Sind entsprechende Notfälle eingetreten, sollten die festgelegten Maßnahmen überprüft und ggf. überarbeitet werden. Die Gefahrenabwehr kann auch entsprechende Erprobungen erforderlich machen. In Skigebieten ist dieser Aspekt u. a. im Zusammenhang mit Lawinen, Präparation und dem Seilbahnbetrieb häufiger zu prüfen.

Checkliste Dokumentation, Aufzeichnungs- und Ablauflenkung und Überwachung

- ☐ Umfasst die Dokumentation alle Unterlagen, die für eine effektive Planung, Durchführung und Kontrolle von Prozessen wichtig sind?
- ☐ Ist sichergestellt, dass adäquate Aktualisierungszeiträume eingehalten werden?
- ☐ Ist festgelegt, welche Mitarbeiter/Abteilungen welche Dokumente aktualisieren, dokumentieren und berücksichtigen müssen?
- ☐ Sind für die wichtigsten umweltrelevanten Aspekte Verfahren eingeführt und Zuständigkeiten definiert? Sind die Identifizierung, Speicherung, Wiederauffindung und Sicherung geregelt?
- ☐ Wurde ein Verfahren für die Identifizierung veralteter Dokumente, ihr Zurückziehen, Archivieren oder ggf. ihre Vernichtung eingeführt?
- ☐ Werden Vorgehensweisen dokumentiert, wie wichtige Umweltaspekte von Zulieferern und Auftragnehmern zu beachten sind?
- ☐ Wurde Vorsorge getroffen für mögliche Notfallsituationen und Vorfälle und ein entsprechendes Vorgehen hierfür festgelegt?

Begutachtung und Registrierung

Inhaltsverzeichnis

Management Review und internes Audit

U. Pröbstl-Haider, M. Brom, C. Dorsch, A. Jiricka-Pürrer, *Umweltmanagement in Skigebieten*, https://doi.org/10.1007/978-3-662-55988-8_13

Ein weiterer Bestandteil der regelmäßigen internen Überprüfungen ist die sogenannte Managementbewertung, auch Management Review genannt. Hierzu muss das oberste Führungsgremium das Umweltmanagementsystem in festgelegten Abständen bewerten, um dessen fortdauernde Eignung, Angemessenheit und Wirksamkeit sicherzustellen. Bewertungen müssen die Beurteilung der Verbesserungspotenziale und den Anpassungsbedarf des Umweltmanagementsystems einschließlich der Umweltpolitik, der umweltbezogenen Zielsetzungen und der Einzelziele beinhalten.

Aufzeichnungen der Bewertungen durch das Management müssen aufbewahrt werden. Folgende Aspekte sind im Rahmen des Management Reviews zu berücksichtigen:

- Ergebnisse von internen Audits und der Beurteilung der Einhaltung von rechtlichen Verpflichtungen und anderen Anforderungen, zu denen sich die Organisation verpflichtet hat,
- Äußerungen von externen interessierten Kreisen, einschließlich Beschwerden,
- die Umweltleistung der Organisation,
- den erreichten Erfüllungsgrad der Zielsetzungen und Einzelziele,
- Status von Korrektur- und Vorbeugungsmaßnahmen,
- Folgemaßnahmen von früheren Bewertungen durch das Management,
- sich ändernde Rahmenbedingungen, einschließlich Entwicklungen bei den rechtlichen Verpflichtungen und anderen Anforderungen in Bezug auf die Umweltaspekte der Organisation,
- Verbesserungsvorschläge

Die Ergebnisse von Bewertungen durch das Management müssen alle Entscheidungen und Maßnahmen in Bezug auf mögliche Änderungen der Umweltpolitik, der Zielsetzungen, der Einzelziele und anderer Elemente des Umweltmanagementsystems in Übereinstimmung mit der Verpflichtung zur ständigen Verbesserung enthalten.

Begutachtung und Validierung durch Umweltgutachter

U. Pröbstl-Haider, M. Brom, C. Dorsch, A. Jiricka-Pürrer, *Umweltmanagement in Skigebieten*, https://doi.org/10.1007/978-3-662-55988-8_14

Eine externe Begutachtung als Abschluss des Prozesses kann angestrebt werden, wenn wie beschrieben im Skigebiet

- ein funktionsfähiges Umweltmanagementsystem eingerichtet ist,
- eine Umweltprüfung durchgeführt und dokumentiert wurde,
- die Managementbewertung und das interne Audit vollzogen wurden,
- Maßnahmen definiert und eine Umwelterklärung erstellt wurden.

Die Begutachtung darf nur von akkreditierten oder speziell zugelassenen Umweltgutachtern[1] durchgeführt werden. Eine Liste der jeweils zugelassenen Umweltgutachter ist bei den jeweiligen Zulassungs- bzw. Akkreditierungsstellen in den Mitgliedsstaaten erhältlich. Der Umweltgutachter muss außerdem für den relevanten sogenannten NACE-Code zugelassen sein. Für Skigebiete kommt vor allem der NACE-Code H 49.39-1 (Betrieb von Sessel- und Schleppliften) in Frage. Besteht das Skigebiet noch aus zusätzlichen Einrichtungen, können u. a. auch noch andere NACE-Codes relevant sein: R 93.11 (Betrieb von sonstigen Sportanlagen, wie z. B. Eislaufplatz) oder Tourismuseinrichtungen wie Gasthöfe, Hotels und Pensionen, die unter I 55.10 zusammengefasst werden.

Grundsätzlich können Umweltgutachter auch aus anderen Mitgliedsstaaten als dem eigenen ausgewählt werden. Allerdings ist zu beachten, dass die Begutachtung und Validierung auch zu einem erheblichen Umfang rechtliche Fragen miteinbeziehen muss. Daher ist dann zumindest in diesem Bereich häufig eine Unterstützung der Umweltgutachter durch nationale Kollegen erforderlich.

Bei der Begutachtung wird überprüft, ob Umweltprüfung, Umweltpolitik, Umweltmanagementsystem und interne Umweltbetriebsprüfung (internes Audit) sowie deren Umsetzung den Anforderungen der EMAS-Verordnung entsprechen.

1 Es sind die im jeweiligen Land zuständigen Umweltbehörden zu kontaktieren. Nur akkreditierte oder zugelassene Umweltgutachter dürfen diese Funktion ausüben, wenn sie für den der Tätigkeit der Organisation entsprechenden NACE-Code akkreditiert oder zugelassen ist. Das Verzeichnis der in Österreich zugelassenen Umweltgutachter wird vom Lebensministerium geführt: ► http://www.lebensministerium.at/umwelt/betriebl_umweltschutz_uvp/emas/Umweltgutachter/Umweltgutachterliste.html.

Durch die Validierung bestätigt der Umweltgutachter, dass die Informationen und Daten in der Umwelterklärung und die Aktualisierungen der Erklärung zuverlässig, glaubhaft und korrekt sind und den Anforderungen der EMAS-Verordnung entsprechen.

Im Detail werden die folgenden Aspekte durch die Umweltgutachter genauer betrachtet:

1. Die Umweltgutachter prüfen, ob das Skigebiet alle Vorschriften der EMAS-Verordnung oder anderer Umweltmanagementsysteme in Bezug auf die Umweltprüfung, das Umweltmanagementsystem, die Umweltbetriebsprüfung und ihre Ergebnisse und die Umwelterklärung einhält.
2. Sie kontrollieren, ob das Skigebiet die einschlägigen gemeinschaftlichen, nationalen, regionalen und lokalen Umweltvorschriften einhält und nicht gegen geltendes Umweltrecht verstößt. Wenn das Unternehmen nachweisen kann, dass es rechtzeitig Maßnahmen ergriffen hat, um die Einhaltung der Rechtsvorschriften wieder zu gewährleisten, kann der Umweltgutachter die Erklärung zu den Begutachtungs- und Validierungstätigkeiten unterschreiben.
3. Die Umweltgutachter prüfen weiterhin die kontinuierliche Verbesserung der Umweltleistung des Skigebietes.
4. Sie untersuchen die Zuverlässigkeit, die Glaubwürdigkeit und die Richtigkeit der in die EMAS-Umwelterklärung übernommenen und verwendeten Daten und aller Umweltinformationen, die validiert werden sollen.

Die Umweltgutachter besuchen das Skigebiet im Rahmen von EMAS-Begutachtungen in der Regel einmal jährlich vor Ort. Bei kleinen Unternehmen kann dies, sofern die Ausnahmeregelung für kleine Organisationen anwendbar ist, auch nur alle zwei Jahre erfolgen (gemäß Art. 7 der EMAS-Verordnung).

Registrierungsverfahren (EMAS)

U. Pröbstl-Haider, M. Brom, C. Dorsch, A. Jiricka-Pürrer, *Umweltmanagement in Skigebieten*, https://doi.org/10.1007/978-3-662-55988-8_15

Sobald das Umweltmanagementsystem eingeführt und begutachtet und die EMAS-Umwelterklärung validiert wurde, beantragt das Skigebiet bzw. das Unternehmen die Registrierung bei der zuständigen Stelle. Für die Aufnahme ins EMAS Register ist in Österreich das Umweltbundesamt[1] die zuständige Stelle.

Dem Neuantrag[2] sind folgende Unterlagen beizufügen:

- die validierte Umwelterklärung (elektronische oder gedruckte Fassung),
- die unterzeichnete Erklärung des Umweltgutachters,
- das ausgefüllte Antragsformular mit Angaben zum Seilbahnunternehmen/Skigebiet, seinen Standorten und dem Umweltgutachter.

Nachdem sich das Umweltbundesamt bei den zuständigen Behörden davon überzeugt hat, dass kein Verstoß gegen geltende Umweltrechtsvorschriften vorliegt, wird die Eintragungsgebühr erhoben. Nach Begleichung des Betrages wird das Skigebiet in das EMAS-Register eingetragen.

Ein registriertes Skigebiet muss für die Verlängerung der EMAS-Registrierung alle drei Jahre

- sein gesamtes Umweltmanagementsystem und das Programm für die Umweltbetriebsprüfung und deren Umsetzung begutachten lassen,
- eine Umwelterklärung erstellen und von einem Umweltgutachter validieren lassen,
- die validierte Umwelterklärung und das ausgefüllte Formular übermitteln.

In den dazwischenliegenden Jahren muss das registrierte Skigebiet folgende Aufgaben leisten:

- Vornahme einer Überprüfung seiner Umweltleistung und der Einhaltung der geltenden Umweltvorschriften (internes und externes Audit),
- Aktualisierung der Umwelterklärung und Validierung durch einen Umweltgutachter,
- Übermittlung der validierten, aktualisierten Umwelterklärung an das Umweltbundesamt.

---

1 Informationen des österreichischen Umweltbundesamtes zu EMAS: ▶ http://www.umweltbundesamt.at/emas.

2 Formular des österreichischen Umweltbundesamtes für Neueintragung und Revalidierung von EMAS-Organisationen: ▶ https://www.bmlfuw.gv.at/umwelt/betriebl_umweltschutz_uvp/emas/Formulare/FormulareEMAS.html.

Serviceteil

U. Pröbstl-Haider, M. Brom, C. Dorsch, A. Jiricka-Pürrer, *Umweltmanagement in Skigebieten*, https://doi.org/10.1007/978-3-662-55988-8

Anhang

A. 1 Anhang IV der FFH-Richtlinie zur Beachtung rechtlicher Belange in Skigebieten

Nachstehend sind, basierend auf Angaben des österreichischen Umweltbundesamts[1] und des Bayerischen Landesamtes für Umwelt (LfU)[2], diejenigen Arten aus Anhang IV der FFH-Richtlinie dargestellt, die im deutschen und österreichischen Alpenraum vorkommen und daher im Hinblick auf das europäische Artenschutzrecht und die Umwelthaftungsrichtlinie bei Planung und Management von Skigebieten besonders zu beachten sind (prioritäre Arten, deren Erhaltung eine besondere Verantwortung zukommt, sind mit einem Sternchen * gekennzeichnet). Diese Liste gibt auch einen Anhaltspunkt für die Berücksichtigung des Themas in anderen Mitgliedstaaten der europäischen Union.

Weiterhin sind gemäß Vogelschutzrichtlinie (Richtlinie 2009/147/EG) sämtliche in den europäischen Gebieten wild lebende Vogelarten zu berücksichtigen.

1 Ellmauer 2016.

2 Arteninformationen zur speziellen artenschutzrechtliche Prüfung (saP): ► http://www.lfu.bayern.de/natur/sap/arteninformationen/.

Tab. A.1 Liste der Arten aus Anhang IV der FFH-RL im bayerischen und österreichischen Alpenraum

Artname		Bayerischer Alpenraum			Österreichischer Alpenraum
Lateinisch	Deutsch	D 68[a]	D 67[b]	D 66[c]	
Amphibien					
Bombina variegata	Gelbbauchunke	x	x	x	x
Bufo calamita	Kreuzkröte		x	x	x
Bufo viridis	Wechselkröte		x	x	x
Hyla arborea	Laubfrosch	x	x	x	x
Rana arvalis	Moorfrosch			x	x
Rana dalmatina	Springfrosch	x	x	x	x
Rana lessonae	Kleiner Wasserfrosch	x	x	x	x
Salamandra atra	Alpensalamander	x	x	x	x
Triturus carnifex	Alpen-Kammmolch				x
Triturus cristatus	Nördlicher Kammmolch	x	x	x	x
Fledermäuse					
Barbastella barbastellus	Mopsfledermaus	x	x	x	x
Eptesicus nilssonii	Nordfledermaus	x	x	x	x
Eptesicus serotinus	Breitflügelfledermaus	x	x	x	x
Hypsugo savii	Alpenfledermaus				x
Miniopterus schreibersi	Langflügelfledermaus				x
Myotis alcathoe	Nymphenfledermaus			x	

(Fortsetzung)

Tab. A.1 (Fortsetzung)

Artname		Bayerischer Alpenraum			Österreichischer Alpenraum
Lateinisch	Deutsch	D 68[a]	D 67[b]	D 66[c]	
Myotis bechsteinii	Bechsteinfledermaus	x	x	x	x
Myotis blythii	Kleines Mausohr				x
Myotis brandtii	Brandtfledermaus	x	x	x	x
Myotis daubentonii	Wasserfledermaus	x	x	x	x
Myotis emarginatus	Wimperfledermaus	x	x	x	x
Myotis myotis	Mausohr	x	x	x	x
Myotis mystacinus	Bartfledermaus	x	x	x	x
Myotis nattereri	Fransenfledermaus	x	x	x	x
Nyctalus leisleri	Kleinabendsegler	x	x	x	x
Nyctalus noctula	Abendsegler	x	x	x	x
Pipistrellus kuhlii	Weißrandfledermaus			x	x
Pipistrellus nathusii	Rauhautfledermaus	x	x	x	x
Pipistrellus pipistrellus	Zwergfledermaus	x	x	x	x
Pipistrellus pygmaeus	Mücken-Fledermaus	x	x	x	x
Plecotus auritus	Braunes Langohr	x	x	x	x
Plecotus austriacus	Graues Langohr	x	x	x	x
Plecotus macrobullaris	Alpen-Langohr				x
Rhinolophus ferrumequinum	Große Hufeisennase			x	x

(Fortsetzung)

Tab. A.1 (Fortsetzung)

Artname		Bayerischer Alpenraum			Österreichischer Alpenraum
Lateinisch	Deutsch	D 68[a]	D 67[b]	D 66[c]	
Rhinolophus hipposideros	Kleine Hufeisennase	x	x	x	x
Vespertilio murinus	Zweifarbfledermaus	x	x	x	x
Heuschrecken					
Isophya costata	Breitstirnige Plumpschrecke				x
Paracaloptenus caloptenoides	Brunners Schönschrecke				x
Saga pedo	Große Sägeschrecke				x
Käfer					
Buprestis splendens	Goldstreifiger Prachtkäfer				x
Carabus (variolosus) nodulosus	Schwarzer Grubenlaufkäfer, Gruben-Großlaufkäfer			x	x
Cerambyx cerdo	Heldbock, Eichenbock				x
Cucujus cinnaberinus	Scharlachroter Plattkäfer, Scharlachkäfer	x	x	x	x
Dytiscus latissimus	Breitrand			x	
Graphoderus bilineatus	Schmalbindiger Breitflügel-Tauchkäfer			x	x
*Osmoderma eremita**	Eremit, Juchtenkäfer			x	x
Phryganophilus ruficollis	Rothalsiger Düsterkäfer				x
*Rosalia alpina**	Alpenbockkäfer	x	x	x	x
Libellen					
Cordulegaster heros	Große Quelljungfer				x

(Fortsetzung)

Tab. A.1 (Fortsetzung)

Artname		Bayerischer Alpenraum			Österreichischer Alpenraum
Lateinisch	Deutsch	D 68[a]	D 67[b]	D 66[c]	
Leucorrhinia albifrons	Östliche Moosjungfer		x	x	x
Leucorrhinia caudalis	Zierliche Moosjungfer			x	x
Leucorrhinia pectoralis	Große Moosjungfer			x	x
Ophiogomphus cecilia	Grüne Keiljungfer, Grüne Flussjungfer			x	x
Stylurus flavipes (Gomphus flavipes)	Asiatische Keiljungfer			x	
Sympecma braueri	Sibirische Winterlibelle		x	x	x
Muscheln					
Unio crassus	Gemeine Bachmuschel, Gewöhnliche Flussmuschel			x	x
Nagetiere					
Castor fiber	Europäischer Biber	x	x	x	x
Dryomys nitedula	Baumschläfer	x	x		x
Muscardinus avellanarius	Haselmaus	x	x	x	x
Sicista betulina	Birkenmaus	x			x
Spermophilus citellus	Ziesel				x
Raubtiere					
Lutra lutra	Fischotter	x	x	x	x
Lynx lynx	Luchs	x			x
*Ursus arctos**	Braunbär				x

(Fortsetzung)

Tab. A.1 (Fortsetzung)

Artname		Bayerischer Alpenraum			Österreichischer Alpenraum
Lateinisch	Deutsch	D 68[a]	D 67[b]	D 66[c]	
Reptilien					
Coronella austriaca	Schlingnatter	x	x	x	x
Elaphe longissima	Äskulapnatter	x		x	x
Emys orbicularis	Sumpfschildkröte			x	
Lacerta agilis	Zauneidechse	x	x	x	x
Lacerta horvathi	Kroatische Gebirgseidechse				x
Lacerta viridis	Smaragdeidechse				x
Natrix tessellata	Würfelnatter				x
Podarcis muralis	Mauereidechse		x	x	x
Vipera ammodytes	Hornviper, Sandviper, Hornotter				x
Schmetterlinge					
Coenonympha hero	Wald-Wiesenvögelchen		x	x	x
Coenonympha oedippus	Moor-Wiesenvögelchen				x
Erebia calcaria	Karawanken-Mohrenfalter				x
Hypodryas maturna	Eschen-Scheckenfalter	x		x	x
Leptidia morsei	Senf-Weißling				x
Lopinga achine	Gelbringfalter	x	x	x	x
Lycaena dispar	Großer Feuerfalter				x

(Fortsetzung)

Tab. A.1 (Fortsetzung)

Artname		Bayerischer Alpenraum			Österreichischer Alpenraum
Lateinisch	Deutsch	D 68[a]	D 67[b]	D 66[c]	
Lycaena helle	Blauschillernder Feuerfalter		x	x	x
Maculinea arion	Schwarzfleckiger Ameisen-Bläuling, Thymian-Ameisen-Bläuling	x	x	x	x
Maculinea nausithous	Dunkler Wiesenknopf Ameisen-Bläuling	x	x	x	x
Maculinea teleius	Heller Wiesenknopf Ameisen-Bläuling	x	x	x	x
Parnassius apollo	Apollofalter	x	x	x	x
Paranassius mnemosyne	Schwarzer Apollofalter	x	x		x
Proserpinus proserpina	Nachtkerzenschwärmer				x
Schnecken					
Anisus vorticulus	Zierliche Tellerschnecke			x	x
Theodoxus transversalis	Gebänderte Kahnschnecke			x	
Gefäßpflanzen					
Adenophora liliifolia	Duft-Becherglocke				x
Apium repens	Kriech-Sellerie	x	x	x	x
Aquilegia alpina	Westalpen-Akelei				x
Asplenium adulterinum	Grünspitz-Streifenfarn				x
Botrychium simplex	Einfache Mondraute				x
Campanula zoysii	Krainer Glockenblume				x
Cypripedium calceolus	Frauenschuh	x	x	x	x

(Fortsetzung)

Tab. A.1 (Fortsetzung)

Artname		Bayerischer Alpenraum			Österreichischer Alpenraum
Lateinisch	Deutsch	D 68[a]	D 67[b]	D 66[c]	
Dracocephalum austriacum	Österreich-Drachenkopf				x
Eryngium alpinum	Alpen-Mannstreu				x
Gladiolus palustris	Sumpfgladiole	x	x	x	x
Himantoglossum adriaticum	Adria-Riemenzunge				x
Ligularia sibirica	Sibirischer Goldkolben				x
Lindernia procumbens	Büchsenkraut				x
Liparis loeselii	Moor-Glanzständel	x	x	x	x
Myosotis rehsteineri	Bodensee Vergissmeinnicht			x	x
Physoplexis comosa	Schopfteufelskralle				x
Pulsatilla grandis	Pannonische Küchenschelle				x
Rhododendron luteum	Wunderblume, Gelbe Azalee				x
Saxifraga hirculus	Moor-Steinbrech			x	
Serratula lycopifolia	Wolfsfuß-Zwitterscharte, Einkopf-Scharte				x
Spiranthes aestivalis	Sommer-Drehwurz	x	x	x	x
*Stipa styriaca**	Steirisches Federgras				x
Trifolium saxatile	Felsen-Klee				x

[a]Nördliche Kalkalpen
[b]Schwäbisch-Oberbayerische Voralpen
[c]Voralpines Moor- und Hügelland

Literatur

Ammer, U., und H. Utschik. 1990. *Entwurf einer Waldbiotopkartierung, wissenschaftliche Studie am Lehrstuhl für Landschaftstechnik.* München.

Arbeitsgruppe für Landnutzungsplanung (AGL). 2010. Auditing für das Skigebiet Bansko, Bulgarien – Dokumentation, Umweltpolitik und Umweltmanagementsystem, im Auftrag der Firma Ulen AD, unter Mitarbeit der Fa. AVEGA, 161.

Bayerisches Landesamt für Umwelt (LfU). 2006. *Skigebietsuntersuchung Bayern. Landschaftsökologische Untersuchungen in den bayerischen Skigebieten – Endauswertung*. Augsburg: Bayerisches Landesamt für Umwelt.

Bischoff, A., K. Selle, und H. Sinning. 1996. *Informieren, Beteiligen, Kooperieren*. Dortmund: Dortmunder Vertrieb für Bau- und Planungsliteratur.

Blaschke, A.P., R. Merz, J. Parajka, J. Salinas, und G. Blöschl. 2011. Auswirkungen des Klimawandels auf das Wasserdargebot von Grund – und Oberflächenwasser. *Österreichische Wasser- und Abfallwirtschaft* 63 (1–2): 31–41.

Böhm, R., R. Godina, H.P. Nachtnebel, und O. Pirker. 2008. Mögliche Klimafolgen für die Wasserwirtschaft in Österreich. In *Auswirkungen des Klimawandels auf die österreichische Wasserwirtschaft*. Bundesministerium für Land- und Forstwirtschaft, Umwelt und Wasserwirtschaft und Österreichischer Wasser- und Abfallwirtschaftsverband, Hrsg. Fritz Randl. Wien: Bundesministerium für Land- und Forstwirtschaft.

Bundesministerium für Verkehr, Innovation und Technologie (bmvit). 2011. *Erlass betreffend den Lawinenschutz im Bereich von Seilbahnen* (Lawinenerlass 2011), 8. Wien: Bmvit.

California Ski and Snowboard Safety Organization (CSSSO). 2009. Ski Resorts Celebrate National Safety Awareness Week While Keeping Patrons in the Dark About Safety PlansPress release16. Jan. 2009.

Conseil général de la Savoie. 2004. Inventaire et visualisation des câbles aériens dangereux pour les oiseaux en Savoie. *Observatoire savoyard de l'environnement* 12:38–39.

Dambeck, G., und H. Wagner. 2007. *Recht und Sicherheit im organisierten Skiraum*. München-Planegg: Interski Vermittlungs-, Reise- und Verlags-GmbH.

Dietmann, T., und U. Kohler. 2005. *Skipistenuntersuchung Bayern: Landschaftsökologische Untersuchungen in den bayerischen Skigebieten*. Augsburg: Bayerisches Landesamt für Umwelt.

Ecosign. 2005. Gutachten im Auftrag der Schmittenhöhebahn, Zell am See.

Ellenberg, H. 1963. *Grundlage der Vegetationsgliederung, 11. Teil: Die Vegetation Mitteleuropas*. Stuttgart: Eugen Ulmer.

Ellmauer, T. (Umweltbundesamt), E-Mail vom 08. Juni 2016.

EMAS-Verordnung, Verordnung (EG) Nr. 1221/2009 des Europäischen Parlaments und des Rates vom 25. November 2009 über die freiwillige Teilnahme von Organisationen an einem Gemeinschaftssystem für Umweltmanagement und Umweltbetriebsprüfung.

Europäische Union. 2013. *Umwelthaftungsrichtlinie – Schutz der natürlichen Ressourcen Europas*. Luxemburg: Amt für Veröffentlichungen der Europäischen Union.

Fauna-Flora-Habitat- Richtlinie (FFH-RL), Richtlinie 92/43/EWG des Rates vom 21. Mai 1992 zur Erhaltung der natürlichen Lebensräume sowie der wildlebenden Tiere und Pflanzen.

Formayer, H. 2013. *Fachgutachten zur Einbeziehung des Klimawandels in das Umweltmangementsystem für das Skigebiet Schmittenhöhe in Zell am See*. Wien: Unveröffentlichtes Gutachten.

Formayer, H., M. Hofstätter, und P. Haas. 2007. Untersuchung der Schneesicherheit und der potenziellen Beschneiungszeiten in Schladming und Ramsau. Bundesministerium für Wissenschaft und Forschung im Rahmen von proVISION - Stratege, 43.

Kalz, B., R. Knerr, E. Brennenstuhl, U. Kraatz, T. Dürr, und A. Stein. 2015. Wirksamkeit von Vogelschutzmarkierungen an einer 380-kV-Freileitung im Nationalpark Unteres Odertal. *NuL* 47 (4): 109–116.

Keiler, M., R. Sailer, P. Jörg, C. Weber, S. Fuchs, A. Zischg, und S. Sauermoser. 2006. Avalanche risk assessment – A multi-temporal approach, results from Galtür, Austria. *Natural Hazards and Earth System Sciences* 6:637–651.

König, A. 2014. SiS-Prädikate: Prädikat „Geprüftes Skigebiet Deutschland", Präsentation am 09.05.2014 im DSV Umweltbeirat. Rottach-Egern, 17.

Landesanstalt für Umweltschutz Baden-Württemberg. 1998. *Umweltmanagement für kommunale Verwaltungen*, 62. Karlsruhe: Leitfaden zur Anwendung der Öko-Audit-Verordnung.

Leicht, H., T. Dietmann, und U. Kohler. 1993. Landschaftsökologische Untersuchungen in den Skigebieten des bayerischen Alpenraums – Darstellung und Methodik. In *Jahrbuch des Vereins zum Schutz der Bergwelt*, 147–196, München: Verein zum Schutz der Bergwelt e.V.

Manhart, M. 2014. *Mündliche Mitteilung*. Lech.

Manhart, S., und R. Manhart. 2015. *Österreichisches Skirecht*. Wien: Linde Verlag.

Mingo, S. 2000. Insuring Ski Resorts: There's No Business Like Snow Business. Insurance Journal West Magazine. ▶ http://www.insurancejournal.com/magazines/features/2000/12/11/21207.htm. Abfrage: 13. Juli 2017.

Oberstdorf/Kleinwalsertal Bergbahnen. 2017. Modernes Energiemanagement von Skigebieten am Beispiel DAS HÖCHSTE – Fakten und Daten. ▶ https://www.ok-bergbahnen.com/unternehmen/natur-umwelt/modernes-energiemanagement.html. Abfrage: 13. Juli 2017.

Österreichischer Wasser- und Abfallwirtschaftsverband (ÖWAV) Hrsg. 2014. *Klimawandelauswirkungen und Anpassungsstrategien in der österreichischen Wasserwirtschaft*, 10. Wien.

Plachter, H. 1989. Zur biologischen Schnellansprache und Bewertung von Gebieten. *Schriftenreihe für Landschaftspflege und Naturschutz* 29:107–135.

Pröbstl, U. 1990. *Skisport und Vegetation, Die Auswirkungen des Skisports auf die Vegetation der Skipiste*, Bd. 2. Weilheim: Stöppel-Verlag KG.

Pröbstl, U. 2001. *Skigebiete in den Bayerischen Alpen. Ergebnisse einer ökologischen Studie. DSV-Umweltreihe*, Bd. 7. Weilheim: Stöppel-Verlag KG.

Pröbstl, U. 2006. *Kunstschnee und Umwelt - Entwicklung und Auswirkungen der technischen Beschneiung*. Bern: Haupt.

Pröbstl, U., A. Jiricka, und F. Hindinger. 2011. Renewable energy in winter sports destinations - desired, ignored or rejected? In: Borsdorf A., Stötter J., Veuillet E. Hrsg., Managing Alpine Future II "Inspire and drive sustainable mountain regions", Proceedings of the Innsbruck Conference November 21–23.

Pröbstl, U., R. Roth, H. Schlegel, und R. Straub. 2003. *Auditing in Skigebieten*. Freiburg.

Pröbstl-Haider, U., und C. Dorsch. 2013. Auditing für das Skigebiet Schmitten in Zell am See, zusammenfassender Bericht,179.

Renat. 2000. *Audit von Skigebieten: Avifaunistisch-ökologische Beurteilung*. Schaan: Zwischenbericht (unveröff).

Schmid, H., W. Doppler, D. Heynen, und M. Rössler. 2012. *Vogelfreundliches Bauen mit Glas und Licht*, 2. Aufl. Sempach: überarbeitete Auflage und Schweizerische Vogelwarte.

Schmittenhöhebahn AG. 2014. Unterlagen zum Audit Schmittenhöhebahn, Zell am See.

Schublach, F. 2014. *GIS-unterstütztes Entscheidungstool für Umweltaudits in Schigebieten am Beispiel von Niederösterreich*, 188. Wien: Masterarbeit an der Universität für Bodenkultur.

Schuster, L. 2016. Effizientes Schneemanagement durch den Einsatz von Schneehöhenmesssystemen, Abschlussarbeit an der Fachhochschule Vorarlberg, Dornbirn.

Seilbahnen Schweiz. 2011. *Checkliste Verkehrssicherungspflicht für Sommeraktivitäten, Arbeitsgruppe Sommeraktivitäten von Seilbahnen Schweiz*, 38. Bern: Seilbahnen Schweiz.

Stabentheiner, J. 2016. Pistensicherung und verwandte Fragenkreise – 35 Jahre Seilbahnsymposium, ZVR 2016/104.

Umweltgutachterausschuss (UGA). 2014. EMAS – Das glaubwürdige Umweltmanagementsystem. ► http://www.emas.de/fileadmin/user_upload/06_service/PDF-Dateien/UGA_Infoblatt_EMAS.pdf. Abfrage: 5. Apr. 2016.

Umwelthaftungsrichtlinie (UH-RL), Richtlinie 2004/35/EG des Europäischen Parlaments und des Rates vom 21. April 2004 über Umwelthaftung zur Vermeidung und Sanierung von Umweltschäden.

User, M.B., und W. Erz, Hrsg. 1994. *Erfassen und Bewerten im Naturschutz*. Wiesbaden: Quelle & Meyer.

Voets, C. 2009. Welche Auswirkungen hat das neue Umweltschadensgesetz auf Planungs- und Umweltprüfinstrumente wie z. B. FFH-VP und UVP und welchen Beitrag können diese Instrumente leisten, Umweltschäden zu vermeiden? UVP Report 23, Nr. 5, 2009, 240–244.

Vogelschutzrichtlinie, Richtlinie 2009/147/EG des Europäischen Parlaments und des Rates vom 30. November 2009 über die Erhaltung der wildlebenden Vogelarten.

Zeitler, A. 2001. Veränderungen des winterlichen Raum-Zeit-Musters von Rauhfußhuhn-Arten durch Skifahrer und die Begrenzung ihrer Folgen. *Laufener Seminarbeiträge* 1 (1): 31–35.

Zeitler, A. 2014. *Vögel um Skistationen, Fachgutachten*, 24. Immenstadt.

Sachverzeichnis

A

B

C

D

E

F

G

H

I

K

L

M

N

P

R

S

T